ディジタル通信

[第2版]

大下眞二郎
半田志郎
デービッド アサノ 著

共立出版

序　　文

　「コミュニケーション」という言葉の語源は「共通のものを持つ」とか「分かち合う」という意味のラテン語で，そこから連想するかぎり「情報伝送」といった乾いた表現が与えるニュアンスよりも，むしろ「心がふれあい，通いあい，一つになる」というような血の通ったイメージに近い．通信技術の発展はまさにそのような方向に向かうものであり，情報，エネルギーおよび材料の各分野にわたる広範な最新技術を融合・包含させながら，より多機能に，より知的にかつ人間味のあふれるものへと進化を続けている．

　例えば，最近の若い人達の携帯電話の使い方を見ていると，電話の最も重要な用途であるビジネスユースや連絡用とは一味違ったよりパーソナルな使われ方をしている．そこでは会話を楽しみ，人と人との交流を深めるための道具という色彩がより強くなっており，コミュニケーションという言葉本来の意味合いが具現化されている．いわば携帯電話は一つの新しい文化を人間社会にもたらしたと見ることができよう．近年急速に普及しだしたインターネットにおいても同様なことがいえる．

　現在でこそ「通信」といえば「電気通信」を指すが，太古の昔から，狼煙(のろし)や太鼓，鏡や腕木信号といった方法が人間の意思伝達に使われ，重宝されていた．近代に至り電波が発見され電気が使われるようになると通信技術は飛躍的に発展したが，その中心はラジオ，テレビ，電話であり，モールス通信であった．これらは真空管やリレーを使えば比較的簡単に装置化できたからである．その役割を終えた真空管に変わり集積回路が登場して以来，通信技術はさらなる飛躍を遂げることとなり，現代文明におけるインフラストラクチャーとしてその整備充実，多彩な機能への要求は強まる一方であり，採用される技術も高度化の一途をたどっている．

　通信を，技術的側面から眺めてみると電話とモールス通信に代表されるように，長らくアナログ通信とディジタル通信の両方が並存してきた．アナログ通

信は直感的に理解し易い上，装置化も容易であるため，長期にわたり使われてきた．とりわけ真空管が電子回路の中心として使われていた時代には現在のようなレベルの高いディジタル通信は事実上不可能で，ディジタル通信といっても初歩的なレベルにとどまっていた．しかし，近年の集積回路技術の進展は複雑かつ大規模なディジタル回路の実現を容易なものとし，インターネット，携帯電話やコンピュータ通信などの発展もあり，現在ではディジタル通信が通信の主流を占めている．

ディジタル通信は信頼性の高い情報伝送という特長だけでなく，コンピュータとの整合性の良さに代表されるような柔軟性を有し，それゆえ様々なサービスを付加させることができるという大きな利点がある．時代が通信システムに対して要求する機能のさらなる高まりに呼応して，付加される技術も当然広範かつ高度なものへと成長している．このような情勢の中，最近では，開発された新技術，新サービスが時をおかずして実用に供される傾向にあり，まだまだ発展し続けていくことが予想される．

本書では，スペクトル，雑音や情報理論の基礎に簡単に触れた後，ディジタル通信システムを理解する上で必要最小限の基本事項について，その理論や具体的なイメージが把握できるよう，実際の通信システムと関連づけて系統的な解説を行う．また，本書を読むにあたって，高度な数学は必要ないが，波形，スペクトルや雑音を扱うのでフーリエ変換および確率についての基礎知識が必要である．

本書をまとめるにあたり多くの文献等を参考にさせていただいた．ここにこれらを著された諸先達に謹んで感謝の意を表すものである．また，出版に際し，共立出版㈱の斉藤英明氏をはじめ多くの方々にお世話になった．記してお礼を申し上げたい．

最後に，筆者らの誤解や不注意により記述に思わぬ誤りがあるかもしれない．将来の改訂のために叱正を賜われば幸いである．

2005 年 1 月

大 下 眞 二 郎

第 2 版の序文

　本書の初版が出版されてから 11 年が経つ．その間に本書を利用した講義の経験を生かし，教員にとってより教えやすいもの，学生にとってより理解しやすいものにしようと考えた．教員がより教えやすくするために，本書の内容を 15 回の講義で区切りよくできるように整理して，シラバスのサンプルを追加した．学生がより理解できるために，説明の見直し，例題や演習問題の整理・追加，演習問題の全解答の追加を行った．また，見た目をよくするために全図を再作成し，文章や式を $\LaTeX$ で組んだ．

　本書の内容の主な変更点を以下に示す．章の構成に関して，講義内容の概要を説明するために第 1 章として「ディジタル通信の基礎」を作成した．また，初版の「ディジタル変調方式」と「新ディジタル変調方式」の章を「ディジタル変調方式」と「多元接続方式」という章に再編して内容を整理した．その他に，方形パルスの信号スペースダイアグラムの追加，帯域幅の説明追加，インパルス列の説明を「通信で使う信号」への移動，通信システムのモデル化の説明追加，無線通信路の説明縮小，PPM/PWM/PCM の説明追加，PNM の削除の変更がある．

　上記の変更により，本書を利用してよりわかりやすい講義ができると信じている．

2016 年 10 月

デービッド　アサノ

本教科書の利用方法

　本教科書は 15 週間の 2 単位講義での利用を想定して書かれている．各週の内容がなるべく同量になるように，下記のシラバスのサンプルを作成した．最初の講義で履修に関する説明や諸連絡があると想定されるので，講義計画の 1 週目は短めに設定されている．

シラバスのサンプル

【講義の概要】
　現在，情報は通信ネットワークを通して多種多様の機器間で送受信されている．情報自体はディジタルであるが，実際に送受信されるのはアナログ信号である．本講義では，ディジタル情報をアナログ信号として送受信する方式や，複数のユーザが一つの通信媒体を同時に使用する方式，評価方法を学ぶ．これらを通してディジタル通信システムを設計・評価する能力を身に付ける．

【講義の達成目標】

- 通信で使う信号，信号スペースダイアグラム，帯域幅の各概念が理解できる
- 通信システムのモデルが理解できる
- アナログ信号のディジタル表現方法を理解し，求めることができる
- 帯域制限されている通信路を通して通信するときに考慮すべき点が理解できる
- ベースバンド伝送方式を理解し，求めることができる
- ディジタル変調方式が理解できる
- 多元接続方式が理解できる
- 通信システムの性能評価方法を理解し，計算することができる

【講義計画】

週	教科書部分	内容
1	第1章	ディジタル通信の基礎
2	第2章 (2.1)	正弦波の時間・周波数領域の表現，電力
3	第2章 (2.2, 2.3)	方形パルスの時間・周波数領域の表現，電力，帯域幅，インパルス信号
4	第3章	通信システムのモデル，雑音，誤り率，SN比，通信路容量
5	第4章	標本化，パルス変調方式
6	第5章	無ひずみ伝送，符号間干渉，ナイキストの第1基準，コサインロールオフ特性，アイダイアグラム
7	第6章 (6.1, 6.2)	ベースバンド伝送の基本，伝送符号
8	第6章 (6.3, 6.4)	伝送符号のスペクトル，符号誤り率
9	第7章 (7.1, 7.2)	ディジタル変調の基本，振幅変調
10	第7章 (7.3.1, 7.3.2)	位相変調，2相変調，4相変調
11	第7章 (7.3.3-7.5)	$\pi/4$ シフトQPSK，多相PSK，DPSK，周波数変調，変調方式の性能比較
12	第7章 (7.6)	直交振幅変調
13	第8章 (8.1-8.4)	多元接続方式の概要，TDMA，FDMA，CDMA
14	第8章 (8.5, 8.6)	周波数ホッピング，OFDM
15	–	まとめ

【先修すべき科目】

- 微分積分学
- 信号処理
- 確率論

目　　次

第 1 章　ディジタル通信の基礎
- 1.1　通信システム ……………………………………………………………… *1*
- 1.2　ディジタル通信の特徴 …………………………………………………… *1*
  - 1.2.1　アナログとディジタルの違い ……………………………………… *2*
  - 1.2.2　ディジタルだからできること ……………………………………… *3*
  - 1.2.3　ディジタル通信の普及に至るまで ………………………………… *3*
- 1.3　教科書の構成 ……………………………………………………………… *3*
- 1.4　先修すべき知識 …………………………………………………………… *4*

第 2 章　通信で使う信号
- 2.1　正弦波 ……………………………………………………………………… *5*
  - 2.1.1　時間領域での表現 …………………………………………………… *6*
  - 2.1.2　信号スペースダイアグラム ………………………………………… *7*
  - 2.1.3　周波数領域での表現 ………………………………………………… *9*
  - 2.1.4　電力 …………………………………………………………………… *13*
- 2.2　方形パルス ………………………………………………………………… *15*
  - 2.2.1　時間領域での表現 …………………………………………………… *15*
  - 2.2.2　信号スペースダイアグラム ………………………………………… *16*
  - 2.2.3　周波数領域での表現 ………………………………………………… *17*
- 2.3　インパルス信号 …………………………………………………………… *26*
  - 2.3.1　時間領域での表現 …………………………………………………… *26*
  - 2.3.2　周波数領域での表現 ………………………………………………… *27*
  - 2.3.3　インパルス列 ………………………………………………………… *28*

第3章　通信システムのモデル

3.1　Shannon の通信システムモデル ……………………………… *31*
　3.1.1　通信システムのモデル化 ……………………………… *32*
　3.1.2　通信路モデル ……………………………………………… *33*
　3.1.3　雑音のモデル ……………………………………………… *35*
3.2　通信の性能評価と限界 ………………………………………… *42*
　3.2.1　誤り率 ………………………………………………………… *42*
　3.2.2　通信路容量 ………………………………………………… *43*

第4章　アナログ信号のディジタル表現

4.1　標本化定理 ……………………………………………………… *47*
　4.1.1　理想的な標本化 …………………………………………… *47*
　4.1.2　現実的な標本化 …………………………………………… *51*
4.2　パルス変調方式 ………………………………………………… *52*
　4.2.1　PAM …………………………………………………………… *53*
　4.2.2　PPM …………………………………………………………… *53*
　4.2.3　PWM …………………………………………………………… *55*
　4.2.4　PCM …………………………………………………………… *56*

第5章　波形伝送理論

5.1　無ひずみ伝送 …………………………………………………… *63*
5.2　理想低域フィルタ ……………………………………………… *65*
5.3　符号間干渉（ISI） ……………………………………………… *67*
5.4　標本点における ISI が 0 となるための条件 ……………… *67*
　5.4.1　伝送系のモデル …………………………………………… *67*
　5.4.2　ナイキストの第1基準 …………………………………… *68*
　5.4.3　伝送系の周波数特性に対するナイキストの第1基準 …… *70*
　5.4.4　コサインロールオフ特性 ………………………………… *71*
5.5　アイダイアグラム ……………………………………………… *72*

第6章　ベースバンド伝送

- 6.1　ベースバンド伝送の基本 …………………………………………… 77
- 6.2　伝送符号方式 ………………………………………………………… 78
  - 6.2.1　単極符号，両極符号 ………………………………………… 79
  - 6.2.2　バイポーラ符号 ……………………………………………… 80
  - 6.2.3　変形バイポーラ符号 ………………………………………… 80
  - 6.2.4　mBnT 符号 …………………………………………………… 82
  - 6.2.5　バイフェーズ符号 …………………………………………… 83
- 6.3　伝送符号のスペクトル ……………………………………………… 85
- 6.4　符号誤り率 …………………………………………………………… 86

第7章　搬送波ディジタル通信

- 7.1　ディジタル変調の基本 ……………………………………………… 93
- 7.2　振幅変調（ASK）……………………………………………………… 94
- 7.3　位相変調（PSK）……………………………………………………… 98
  - 7.3.1　2相PSK ………………………………………………………… 98
  - 7.3.2　4相PSK（QPSK）……………………………………………… 103
  - 7.3.3　$\pi/4$ シフト QPSK …………………………………………… 106
  - 7.3.4　多相PSK ……………………………………………………… 107
  - 7.3.5　DPSK …………………………………………………………… 108
- 7.4　周波数変調（FSK）…………………………………………………… 109
- 7.5　変調方式の性能比較 ………………………………………………… 112
- 7.6　直交振幅変調（QAM）………………………………………………… 113

第8章　多元接続方式

- 8.1　多元接続の概要 ……………………………………………………… 121
- 8.2　TDMA …………………………………………………………………… 122
- 8.3　FDMA …………………………………………………………………… 124
- 8.4　CDMA …………………………………………………………………… 124
  - 8.4.1　CDMA の原理 ………………………………………………… 124

8.4.2　拡散符号の働き ……………………………………… *126*
　　8.4.3　ダイバーシチ受信 ……………………………………… *128*
　　8.4.4　遠近問題 ……………………………………………… *129*
　8.5　周波数ホッピング …………………………………………… *129*
　8.6　OFDM ………………………………………………………… *130*
　　8.6.1　OFDMの原理 ………………………………………… *130*
　　8.6.2　信号構成 ………………………………………………… *132*
　　8.6.3　変調方法 ………………………………………………… *133*
　　8.6.4　OFDM方式の特徴 ……………………………………… *134*

演習問題解答　　　　　　　　　　　　　　　　　　　　　　　*137*
索　　引　　　　　　　　　　　　　　　　　　　　　　　　　*167*

第1章　ディジタル通信の基礎

> 本章では，ディジタル通信を勉強するための基礎知識や，教科書の構成と先修すべき内容について説明する．

1.1 通信システム

　一般的に通信システムは「情報をあるところから別のところへ届ける仕組み」と定義できる．そう考えると現代社会では通信システムがいたるところに存在する．人間同士をつなぐ電話やテレビ放送の通信システムだけでなく，人間と機械，さらには機器同士が通信を行うシステムもある．これらの多様な通信システムが人間の生活を支えている．

　例えば，通信システムと言えば，携帯電話やスマートフォンがすぐに思い浮かぶ．しかしその他にも毎日使うテレビのリモートコントロールも通信システムである．人間の命令をテレビに届けるので，通信しているわけである．またCDプレーヤーも通信システムと考えることができる．なぜなら人間の耳にCDに記録されている音楽を届ける役割を果たすからである．

　機器間通信の代表例としては，インターネットにアクセスするためのWi-Fiや無線LANがある．人間が介在することなく，スマートフォンやコンピュータがアクセスポイントと自立的に通信している．また，USBを使ったコンピュータと周辺機器間の接続も機器間通信と考えることができる．これら以外にも，近距離無線ネットワークではBluetoothやZigbeeの規格と，ICカードのNFC規格が使われ機器間の通信が行われている．

1.2 ディジタル通信の特徴

　近年，携帯電話のみならずほとんどの電化製品が「アナログ」から「ディジタル」へ変化してきている．この理由は何だろうか．その答えを探るために，

まずアナログとディジタルの違いを理解する必要がある．

1.2.1 アナログとディジタルの違い

まずアナログ通信の例が示されている図 1-1(a) を見てみよう．送信する波形は情報を直接表している．例えば，人間の声をマイクで電圧に変換したらこのような波形になる．アナログ信号の電圧は，細かく測定すれば無数の可能性があるので，「アナログ ＝ 無数」だと言える．それを考えると信号の形も無数にある．この「無数の可能性」がアナログの特徴である．

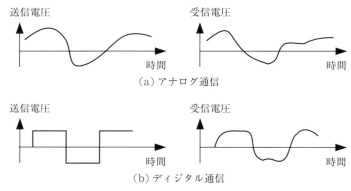

図 1-1　アナログとディジタル通信の例

信号を送信すると雑音等によって必ず変化してしまうので，受信した信号は送信したものと違う．受信側では，送信した信号がわからないので受信信号から推定する必要がある．アナログ通信では，上記で述べた通り無数の可能性があるため，受信した信号から無数の可能性の送信信号を推定することが難しい．

ディジタル通信はどう違うのか．図 1-1(b) に示すように，送信電圧は 2 通りしかない．つまり，ディジタル通信では信号の形を限定するので，「ディジタル ＝ 有数」だと言える．このように限定することにより，受信側で送信信号の推定が格段に楽になる．

アナログ通信と同様にディジタル通信も受信信号が送信信号と異なる．しかし，送信信号の電圧が 2 通りしかないことからこの受信信号から送信信号が簡単に推定できる．受信電圧が高いときは送信電圧が高かったと推定でき，低い

ときは低かったと推定できる．

送信した信号が推定しやすいことから，ディジタル通信はアナログ通信より高品質になる．例えばテレビ放送では，ディジタルで放送したほうがきれいな音声や映像が楽しめる．

1.2.2　ディジタルだからできること

ディジタル通信は高品質であるが利点はそれだけではない．ディジタル通信を利用すれば様々な情報を混ぜて送ることができる．例えばディジタル放送では，映像や音声の他に番組情報のようなデータも放送される．テレビの中でどのデータが映像でどのデータがニュースなのかは区別できるようになっている．アナログ通信ではこのようなことは非常に実現しにくい．

また，ディジタル通信を利用すれば暗号化も可能になる．初期の携帯電話はラジオのような通信方式を使用していたため，受信機を持っていればだれでも盗聴できていた．最近の携帯電話は盗聴しても内容が安易にわからない方式が採用されている．

1.2.3　ディジタル通信の普及に至るまで

ディジタル通信がアナログよりたくさん利点があるにもかかわらず，なぜもっと早く導入されなかったのだろうか．それは機器の能力不足にあった．ディジタル通信を行うためには，コンピュータによる複雑なディジタル処理が不可欠である．例えば，電話等でディジタル通信を利用するためには，まず人間の声のようなアナログ情報をディジタル化し，受信側で元のアナログ情報に戻す必要がある．しかし，十分な能力を持つ低価格のコンピュータを作ることができなかった．

この問題を解決したのは，半導体技術の飛躍的な進歩である．処理能力が高く，小さくて安い装置が大量に生産できるようになったおかげで，ディジタル通信を利用した機器が急速に普及することとなったのである．

1.3　教科書の構成

ディジタル通信の目的は0と1からなる情報系列を効率よく相手に送ること

である．本教科書はこの基本から始まり，主要通信方式について解説し，それらの評価に使用する尺度を紹介する．具体的な内容は次の通りである．

- 通信に使用する諸信号とそれらの時間・周波数表現（第 2 章）
- 通信システムを解析しやすくするためのモデル化方法と性能評価方法（第 3 章）
- アナログ信号をディジタル化して送信する方法（第 4 章）
- 信号を送るときに信号が劣化しないための方策（第 5 章）
- データを送信波形に変換するときの条件と具体的な方法（第 6 章）
- 正弦波に情報を載せて送信する方法（第 7 章）
- 複数ユーザが同時に通信できる方法（第 8 章）

1.4 先修すべき知識

本教科書は必要な知識を盛り込むように書かれているが，より理解を深めるために次の知識を先に修得することが望まれる．

- 微分積分学
- 確率論（連続確率変数，正規分布）
- フーリエ解析（フーリエ級数，フーリエ変換）
- 信号処理（線形システム，インパルス応答，伝達関数）

第 2 章　通信で使う信号

> 本章では，通信でよく使われる信号について概説し，時間領域および周波数領域の表現について説明する．

2.1　正弦波

ディジタル通信とは言っても，実際に送信するのはアナログ信号である．例えば携帯電話のアンテナから出る電波も，モデムによって作られる信号もアナログ信号である．アナログ信号の中で一番重要なのは，図 2-1 に示す正弦波（sine wave）である．

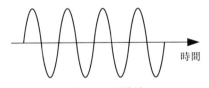

図 2-1　正弦波

正弦波はなぜ重要なのだろうか．理由は正弦波が自然によく現れるからである．しかしこのような形の波形が自然によく表れるのはなぜだろうか．そのカギは「円」にある．ひもに重りを付けて振り回すと，図 2-2 に示すようにその重りは円を描く．回っている重りを横から見て，時間を横軸に，重りの位置を縦軸にプロットすれば正弦波になる．というわけで，車輪や風車のような回っているものには正弦波が自然に付いてくる．壁のコンセントから出る 100 [V] 交流電源も回転する発電機によって作られるので正弦波である．

回転に限らず振動の多くも正弦波に近い形であるので，実に多くの自然現象が正弦波と深い関わりを持っている．また，正弦波を組み合わせるとどのような形の信号も構成できるという基本的な定理もある．これについてはあとで詳しく説明するが，ここでは正弦波の重要性を理解してほしい．

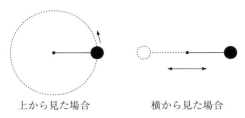

図 2-2　重りを回転させると正弦波が作られる

2.1.1　時間領域での表現

図 **2-3** に示すような正弦波を時間の関数として考える場合，一般的に次式で書くことができる．

$$A\cos(2\pi ft + \theta) \qquad (2\text{-}1)$$

ここで A，f，θ はそれぞれ正弦波の**振幅**（amplitude），**周波数**（frequency），**位相**（phase）である．t は時間を表している．t を秒［s］で表すと，f はヘルツ［Hz］で θ はラジアン［rad］になる．電気信号の場合，信号の電圧を測定することが多いので，A はボルト［V］で表す．周波数は時間信号から直接読みとれるわけではなく，正弦波の繰り返す周期 T を使う必要がある．

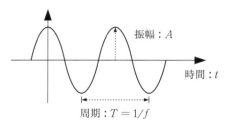

図 2-3　正弦波の振幅と周期

正弦波の位相は振幅と周波数と違って相対的なパラメータである．図 **2-4** に示す通り，位相は他の正弦波に対してどれくらいずれているかを表している．また，ずれの大きさは秒で表すのではなく，1 周期の割合に換算しラジアンで表す．例えば，位相が 1 周期ずれると位相が 2π［rad］になり，半周期ずれると π［rad］になる．正弦波は周期信号なので，2π［rad］と 0［rad］の位相は

2.1 正弦波

等しい．そのため，位相の値は 2π の範囲があれば十分で，$-\pi < \theta \leq \pi$ の範囲を使うことが多い．例えば，3π は π と同じなので，π とする．

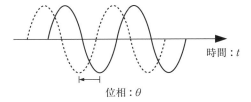

図 2-4 正弦波の位相

2.1.2 信号スペースダイアグラム

周波数が同じで振幅と位相が異なる正弦波を扱うとき，振幅と位相関係が一目でわかる図を作ると便利である．式 (2-1) を書き直すと，

$$A\cos(2\pi ft)\cos\theta - A\sin(2\pi ft)\sin\theta \tag{2-2}$$

となり，$\cos(2\pi ft)$ を横軸，$-\sin(2\pi ft)$ を縦軸と考えれば，周波数 f を持つ正弦波を 2 次元平面の座標 $(A\cos\theta, A\sin\theta)$ で表すことができる．この 2 次元平面図は**信号スペースダイアグラム**（signal space diagram）と呼ぶ．

横軸と縦軸が直交しているのと同じで，$\cos(2\pi ft)$ と $-\sin(2\pi ft)$ が「直交している」と考えることができる．この場合の**直交**（orthogonal）とは，次のように定義する．信号 $s_1(t)$ と $s_2(t)$ が時間 $[0, T]$ において

$$\int_0^T s_1(t)s_2(t)dt = 0 \tag{2-3}$$

が満足していれば，$s_1(t)$ と $s_2(t)$ が直交であるという．$\cos(2\pi ft)$ と $-\sin(2\pi ft)$ が直交であることを確認しよう．

$$\begin{aligned}
\int_0^T \cos(2\pi ft)\sin(2\pi ft)dt &= \frac{1}{2}\int_0^T \sin(4\pi ft)dt \\
&= \frac{1}{2}\left[\frac{-\cos(4\pi ft)}{4\pi f}\right]_{t=0}^T \\
&= \frac{1}{2}\left[\frac{1-\cos(4\pi fT)}{4\pi f}\right]
\end{aligned} \tag{2-4}$$

ここで，$f = n/(2T)$ という条件を付ければ $\cos(2\pi ft)$ と $-\sin(2\pi ft)$ が直交になる．

一般的に，座標 (x_0, y_0) が与えられたとき，この座標で表される正弦波信号は，

$$x_0 \cos(2\pi ft) - y_0 \sin(2\pi ft) \tag{2-5}$$

と表される．図 2-5 に示す例を見てみよう．点 A の座標は $(3, 0)$ なので，点 A で表される信号は $3\cos(2\pi ft)$ である．同様に点 B の座標は $(0, -2)$ なので，点 B で表される信号は $2\sin(2\pi ft)$ である．

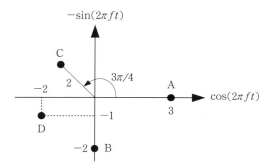

図 2-5 信号スペースダイアグラムの例

点 C はどうだろうか．座標は $(2\cos(3\pi/4), 2\sin(3\pi/4))$ になるので，点 C で表される信号は，

$$2\cos(3\pi/4)\cos(2\pi ft) - 2\sin(3\pi/4)\sin(2\pi ft) = 2\cos(2\pi ft + 3\pi/4) \tag{2-6}$$

となる．この結果からわかるように，信号の振幅は座標 $(0, 0)$ からの距離で，位相は正方向の横軸に対する角度になる．

点 D について，上記の結果を利用すれば信号が簡単に求められる．座標が $(-2, -1)$ なので，$(0, 0)$ からの距離は $\sqrt{5}$ で，角度は

$$\theta = \tan^{-1}(1/2) + \pi \tag{2-7}$$

または，角度を $-\pi < \theta \leqq \pi$ の範囲にすると，

$$\theta = \tan^{-1}(1/2) - \pi \approx -2.68\,[\text{rad}] \tag{2-8}$$

になる．結果として信号は

$$-2\cos(2\pi ft) + \sin(2\pi ft) = \sqrt{5}\cos(2\pi ft - 2.68) \tag{2-9}$$

と表される．

2.1.3 周波数領域での表現

A. スペクトル

簡単な例として，次のような電圧波形 $v(t)$ について考えよう．

$$v(t) = d + a\cos(2\pi f_a t) - b\sin(2\pi f_b t), \quad (f_a < f_b) \tag{2-10}$$

この $v(t)$ は直流，正弦波から成っており，これが時間的にどう変化しているかを図示しようとすると，たとえ d, a, b, f_a, f_b のすべてがわかっていても極めて難しい．一方，正弦波は振幅，周波数，位相の三つがわかれば一意的に定まるから，これを図的に表現する方法が考えられる．いま，式（2-10）を周波数領域で表現すると，図 2-6 のように図示できる．

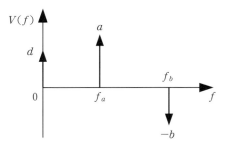

図 2-6 $v(t)$ の周波数スペクトル $V(f)$

つまり周波数 0（直流）のところに大きさ d の直流が，f_a のところに振幅 a の正弦波，f_b のところに振幅 $-b$ の正弦波があることを示している．このように，周波数領域で表現されている正弦波のことを**周波数スペクトル**（frequency spectrum）という．このスペクトルは $f = 0, f_a, f_b$ のときにのみ値をもつ**線スペクトル**（line spectrum）である．

ところで，三角関数については，cos と sin は振幅が負であるということは位相が π だけ進んでいると考えることができ，次式が成立する．

$$-\sin(x) = \sin(x + \pi), \quad -\cos(x) = \cos(x + \pi) \qquad (2\text{-}11)$$

よって式 (2-10) は次のようにも書ける．

$$v(t) = d + a\cos(2\pi f_a t) + b\sin(2\pi f_b t + \pi) \qquad (2\text{-}12)$$

ただし，f_b のスペクトルは $\sin(2\pi f_b t)$ より位相が π だけ進んでいるので，何らかの形でこれを表現する必要がある．そこで周波数スペクトルを振幅と位相に分けて表現すると図 2-7 のようになる．式 (2-10)，式 (2-12) および図 2-6，図 2-7 を比較すればわかるように，周波数スペクトルが負になっているということは，実は位相が単に π だけずれていることを意味していることにほかならない．

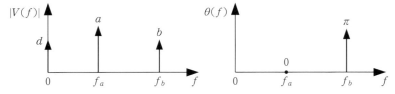

図 2-7　式 (2-12) で表現する $v(t)$ の振幅スペクトル $|V(f)|$ と位相スペクトル $\theta(f)$

さらに，sin と cos の間には次の関係がある．

$$\sin(x) = -\cos\left(x + \frac{\pi}{2}\right) \qquad (2\text{-}13)$$

よって式 (2-10) を cos で統一して

$$v(t) = d + a\cos(2\pi f_a t) + b\cos\left(2\pi f_b t + \frac{\pi}{2}\right) \qquad (2\text{-}14)$$

と書くと sin と cos の区別の必要がなく便利である．このとき，周波数 f_b の正弦波は $\cos(2\pi f_b t)$ に比べて位相が $\pi/2$ だけ進んでいるから，同様にして周波数スペクトルを振幅と位相に分けて表現すると図 2-8 のようになる．この図からわかるように**振幅スペクトル** (amplitude spectrum) $|V(f)|$ は正弦波

の振幅を表し，**位相スペクトル** (phase spectrum) $\theta(f)$ はその位相関係を示している．逆に，この図が与えられれば簡単に式 (2-14) が導出できることになる．すなわちスペクトルがわかれば，その波形そのものがわかることになる．

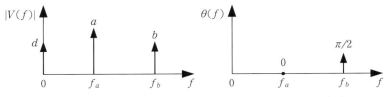

図 2-8　式 (2-14) で表現する $v(t)$ の振幅スペクトル $|V(f)|$ と位相スペクトル $\theta(f)$

【例題 2.1】　ある波形のスペクトルを表すのに，振幅スペクトルのみが示されていて，位相スペクトルが示されていない場合があった．これで良いか．

《解》　通常，波形のスペクトルは振幅スペクトルと位相スペクトルの両方を考慮する必要がある．式 (2-14) の $v(t)$ がその顕著な例で，位相スペクトルを無視することはできない．しかし，次のような波形の場合

$$v'(t) = a_1 \cos(2\pi f_1 t) + a_2 \cos(2\pi f_2 t) + a_3 \cos(2\pi f_3 t) \qquad (2\text{-}15)$$

を考えると，振幅スペクトルは周波数 f_1, f_2, f_3 のところで線スペクトルが生じるが，このとき $\theta(f_1) = \theta(f_2) = \theta(f_3) = 0$ となり，位相スペクトルは値が 0 となるから，このような場合は位相スペクトルを省略して示さない場合がある．

＊　＊　＊　＊　＊

B. 両側スペクトル

通信工学では，正弦波を複素数表示（指数表示）して扱うことが多い．そのほうが計算が楽になるからで，スペクトル解析についても同様のことがいえる．一般にオイラーの公式（Euler's Formula）

$$e^{jx} = \cos(x) + j\sin(x) \tag{2-16}$$

から

$$\cos(x) = \frac{1}{2}e^{jx} + \frac{1}{2}e^{-jx}, \quad \sin(x) = \frac{j}{2}e^{-jx} - \frac{j}{2}e^{jx} \tag{2-17}$$

の関係が成立するので，これを式 (2-14) に適用すると

$$v(t) = d + \frac{a}{2}e^{j2\pi f_a t} + \frac{a}{2}e^{-j2\pi f_a t} + \frac{b}{2}e^{j\pi/2}e^{j2\pi f_b t} + \frac{b}{2}e^{-j\pi/2}e^{-j2\pi f_b t} \tag{2-18}$$

となる．ここで複素電圧 $Ve^{j\theta}e^{j2\pi ft}$ を周波数 f における振幅 V，位相 θ の正弦波形と考え，振幅スペクトルと位相スペクトルを図示すると図 **2-9** のようになる．

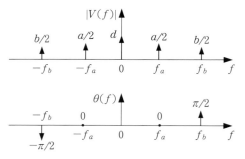

図 2-9　$v(t)$ の両側スペクトル

この場合，負の周波数 $-f_a, -f_b$ のところにもスペクトルが生じることになるが，これに対応した正の周波数 f_a, f_b のところにもスペクトルが生じ，これが合わさって cos 成分となる．すなわち，直流成分 d を除き図 2-8 における f_a と f_b のスペクトルは，図 2-9 における $-f_a, -f_b$ および f_a, f_b の正負のスペクトルに分割され，振幅が半分，位相が反転したものとなっている．すなわち，**振幅スペクトルは偶対称**，**位相スペクトルは奇対称**となっている．

図 2-8 を**片側スペクトル**（one-sided spectrum），図 2-9 を**両側スペクトル**（two-sided spectrum）と呼ぶ．ただし，同じ周波数 f_a のところにあるスペクトルであっても片側スペクトルの場合は $a\cos(2\pi f_a t)$ という実関数を

表すのに対し，両側スペクトルでは $(a/2)e^{j2\pi f_a t}$ なる複素量を表していることに注意しなければならない．つまり，両側スペクトルでは f_a のところにあるスペクトル単独では物理的には意味がなく，$-f_a$ のところのスペクトルとの一対で考えてはじめて物理的意味をもつ．すなわち，f_a と $-f_a$ のスペクトルは複素共役の関係にあり，両者を加え合わせると虚数部分が打ち消し合って，実数となるのである．

片側と両側のスペクトル表現を比較すると，片側スペクトルは直感的にスペクトルをとらえるのに適し，物理的意味もわかりやすいが，複雑な解析には向かない．この点，両側スペクトルは冗長であると同時に，負の周波数という物理的に理解しにくい概念が含まれているものの，複雑な信号処理やスペクトル解析を行うにはその数学的取り扱いが容易であるという優れた特徴を有している．いわば，片側スペクトルは物理的，両側スペクトルは数学的といえる．本書では，その使いやすさ故に，両側スペクトルを用いることを基本とするが，簡単な場合には片側スペクトルも使う．

2.1.4 電力

通信システムでは**電力**（power）が重要な概念である．例えば，携帯電話の電池が何時間もつかは，システムの消費電力と密接な関係がある．また，どの周波数のところにどれだけの電力が分布しているかが問題となることが少なくない．無線通信の場合，使用が許可されている周波数以外の周波数に影響を与えないために，電力制限の規定がある．

まず，式 (2-10) の電圧 $v(t)$ が 1 [Ω] の抵抗に加わる場合を考えると，その瞬時電力は次式で与えられる．

$$\begin{aligned} p(t) = v^2(t) &= [d + a\cos(2\pi f_a t) - b\sin(2\pi f_b t)]^2 \\ &= d^2 + a^2\cos^2(2\pi f_a t) + b^2\sin^2(2\pi f_b t) + 2ad\cos(2\pi f_a t) \\ &\quad - 2ab\cos(2\pi f_a t)\sin(2\pi f_b t) - 2bd\sin(2\pi f_b t) \quad (2\text{-}19) \end{aligned}$$

ある期間で使用した電力は**エネルギー**（energy）と呼び，瞬時電力 $p(t)$ をその期間にわたり積分すれば求まる．平均電力 P は瞬時電力 $p(t)$ を 1 周期 T にわたり積分すれば求まる．ここで，$f_a T$，$f_b T$ は整数であることとする．

式 (2-19) のうち第 4, 6 項の被積分項は単なる正弦波であるから，$[0, T]$ にわたる積分は 0 となる．また第 5 項は三角関数の直交性により，これも積分値は 0 となる．一方，第 2 項，第 3 項については

$$E_2 = \int_0^T a^2 \cos^2(2\pi f_a t) dt = \frac{a^2}{2} \int_0^T 1 + \cos(4\pi f_a t) dt = \frac{a^2 T}{2} \quad (2\text{-}20)$$

$$E_3 = \int_0^T b^2 \sin^2(2\pi f_b t) dt = \frac{b^2}{2} \int_0^T 1 - \cos(4\pi f_b t) dt = \frac{b^2 T}{2} \quad (2\text{-}21)$$

となる．これらは，それぞれ $a\cos(2\pi f_a t)$ および $b\sin(2\pi f_b t)$ が期間 $[0, T]$ の間に消費するエネルギーである．それぞれを T で割れば，平均電力になる．つまり，

$$P_2 = \frac{a^2}{2}, \quad P_3 = \frac{b^2}{2} \quad (2\text{-}22)$$

になる．

第 1 項の直流分の平均電力は

$$P_1 = \frac{1}{T} \int_0^T d^2 dt = d^2 \quad (2\text{-}23)$$

となるから，結局 d^2, $a^2/2$, $b^2/2$ の電力が周波数 0, f_a, f_b のところにあることになる．そこでこれを周波数領域で表示すると図 **2-10** となる．これを**電力スペクトル**（power spectrum）という．この電力スペクトル $P(f)$ はわざわざ計算せずとも図 2-6, 図 2-7 あるいは図 2-8 の振幅スペクトルから簡単に求めることができるし，図 2-9 より

$$P(0) = d^2 \quad (2\text{-}24)$$

$$P(f_a) = |V(f_a)|^2 + |V(-f_a)|^2 = \left(\frac{a}{2}\right)^2 + \left(\frac{a}{2}\right)^2 \quad (2\text{-}25)$$

$$P(f_b) = |V(f_b)|^2 + |V(-f_b)|^2 = \left(\frac{b}{2}\right)^2 + \left(\frac{b}{2}\right)^2 \quad (2\text{-}26)$$

となり，同じ結果が得られる．電力スペクトルを求めるとき，位相スペクトルは不要である．

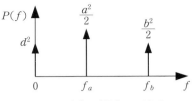

図 2-10　$v(t)$ の電力スペクトル

2.2　方形パルス

正弦波に続いて通信でよく使われる信号は方形パルス（rectangular pulse）である．ディジタル通信では 0 と 1 を送信するので，これらを波形で表現するとき方形パルスを使うことが多い．ここでは，周期性を持つ方形パルス列および，非周期的な孤立方形パルスについて説明する．

2.2.1　時間領域での表現

方形パルスを図 2-11 に示す．このパルスは振幅 A，継続時間 τ のものである．このパルスは次式で書くことができる．

$$v_s(t) = \begin{cases} A, & |t| \leqq \tau/2 \\ 0, & |t| > \tau/2 \end{cases} \tag{2-27}$$

このパルスが周期 T（$T > \tau$）で繰り返すと，図 2-12 の**方形パルス列**（rectangular pulse train）になる．このパルス列を数式で表すと次式になる．

$$v(t) = \sum_{k=-\infty}^{\infty} v_s(t - kT) \tag{2-28}$$

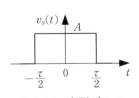

図 2-11　方形パルス

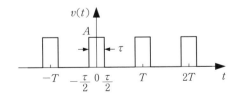

図 2-12　方形パルス列

数式を見ると無限級数和で複雑だと思われるが，$v_s(t)$ が時間 T ずらして複製されていることに注目してもらいたい．複製されている波形同士は重なりがないため，数式の「加算」は「つなぎ合わせ」を意味する．通信信号を数式で表すときに，このような表現方法がよく利用される．

2.2.2 信号スペースダイアグラム

正弦波を表現するために信号スペースダイアグラムを導入した．同じように，方形パルスを表現するための信号スペースダイアグラムが作れる．例として，図 2-11 の方形パルスについて考えよう．

まず座標に当たる直交信号が必要である．使用できる信号はたくさんあるが，簡単な例として図 **2-13** のものを使うとする．ここで $x(t)$ は横軸の信号で，$y(t)$ は縦軸の信号になる．正弦波の場合と違って，これらの信号は $[-T/2, T/2]$ において定義されている．

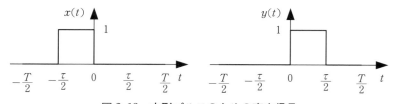

図 2-13 方形パルスのための直交信号

これらの信号が直交していることを確認しよう．直交条件は式 (2-3) であるが，この場合積分の範囲は $[-T/2, T/2]$ になるため，直交条件は次式で与えられる．

$$\int_{-T/2}^{T/2} x(t)y(t)dt = 0 \tag{2-29}$$

信号 $x(t)$ と $y(t)$ の積を考えると，どの時間においても 0 になるので，積分も 0 になる．その結果，信号 $x(t)$ と $y(t)$ は直交していると言える．

これらの信号を軸にすると，図 2-11 は

$$v_s(t) = Ax(t) + Ay(t) \tag{2-30}$$

で与えられ，座標は (A, A) になる．もちろん図 2-11 のパルスだけでなく，

2.2 方形パルス

この座標信号を用いていろいろな方形パルスは表現できる．

いくつかの例を図 2-14 の信号スペースダイアグラムで考えてみよう．$A = 3$ のとき，図 2-11 のパルスは点 E になる．点 F と G はどのような波形だろうか．点 F の座標は $(-2, -1)$ なので，信号は $-2x(t) - y(t)$ になり，点 G の座標は $(2, -3)$ なので，信号は $2x(t) - 3y(t)$ になる．これらの信号は図 2-15 で示される．

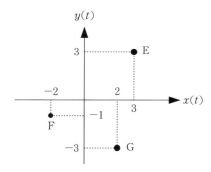

図 2-14　方形パルスの信号スペースダイアグラム

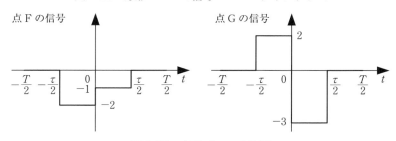

図 2-15　方形パルスの波形

このように座標信号を適切に設定することにより，様々な波形を座標で表現することが可能となる．また，異なる種類の波形を信号スペースダイアグラムで表現すると，全ての種類を統一することができ，同じ解析方法が利用できる．

2.2.3　周波数領域での表現

A. フーリエ級数

通常，使われる周期波形はすべてフーリエ級数（Fourier Series）に展開で

きることが知られている．図 2-12 に示す方形パルス列のようなある一定の周期（基本周期）T で繰り返される**周期波**（periodic wave）$v(t)$ は，同じく周期関数である三角関数の無限級数和で表現できることが知られている．

$$v(t) = a_0 + \sum_{n=1}^{\infty}[a_n\cos(2\pi n f_T t) + b_n\sin(2\pi n f_T t)] \quad (2\text{-}31)$$

ただし，

$$a_0 = \frac{1}{T}\int_{-T/2}^{T/2} v(t)dt \quad (2\text{-}32)$$

$$a_n = \frac{2}{T}\int_{-T/2}^{T/2} v(t)\cos(2\pi n f_T t)dt \quad (2\text{-}33)$$

$$b_n = \frac{2}{T}\int_{-T/2}^{T/2} v(t)\sin(2\pi n f_T t)dt \quad (2\text{-}34)$$

この級数を**フーリエ級数**という．ここで，$f_T = 1/T$ は**繰り返し周波数**，または**基本周波数**（fundamental frequency）と呼ばれる．a_0 を直流分，周波数 f_T の正弦波を**基本波**（fundamental wave），周波数 nf_T の正弦波を**第 n 次高調波**（n-th harmonic）あるいは単に**高調波**（higher harmonics）という．このように周期 T の周期波は，f_T の基本周波数とその整数倍の高調波から成る正弦波集合によって表現できる．

両側スペクトルの説明のところでも述べたがフーリエ級数は複素数で表現することもできる．式 (2-31) に式 (2-17) の関係を用いると

$$\begin{aligned}v(t) &= a_0 + \sum_{n=1}^{\infty}[a_n\cos(2\pi n f_T t) + b_n\sin(2\pi n f_T t)] \\ &= a_0 + \sum_{n=1}^{\infty}\left[\frac{a_n}{2}\left(e^{j2\pi n f_T t} + e^{-j2\pi n f_T t}\right) + \frac{jb_n}{2}\left(e^{-j2\pi n f_T t} - e^{j2\pi n f_T t}\right)\right] \\ &= a_0 + \sum_{n=1}^{\infty}\left[\frac{1}{2}(a_n - jb_n)e^{j2\pi n f_T t} + \frac{1}{2}(a_n + jb_n)e^{-j2\pi n f_T t}\right] \quad (2\text{-}35)\end{aligned}$$

ここで，

$$V_0 = a_0, \quad V_n = \frac{1}{2}(a_n - jb_n), \quad V_{-n} = \frac{1}{2}(a_n + jb_n) \quad (2\text{-}36)$$

とおけば，

$$v(t) = \sum_{n=-\infty}^{\infty} V_n e^{j2\pi n f_T t} \quad (2\text{-}37)$$

2.2 方形パルス

となる．ただし，V_n は次式で与えられる．

$$V_n = \frac{1}{T}\int_{-T/2}^{T/2} v(t)e^{-j2\pi nf_T t}dt \tag{2-38}$$

このとき，周波数 nf_T，$-nf_T$ におけるスペクトル成分 V_n と V_{-n} は，式 (2-36) よりわかるように共に複素数であるだけでなく複素共役の関係になっている．つまり $V_n = V_{-n}^*$ である．ここで「*」は複素共役を示す．また，nf_T のスペクトルと $-nf_T$ のスペクトルは単独では意味を成さず，両者が合成されて

$$\begin{aligned}v_n(t) &= \frac{1}{2}(a_n - jb_n)e^{j2\pi nf_T t} + \frac{1}{2}(a_n + jb_n)e^{-j2\pi nf_T t}\\ &= \frac{a_n}{2}\left(e^{j2\pi nf_T t} + e^{-j2\pi nf_T t}\right) + \frac{jb_n}{2}\left(e^{-j2\pi nf_T t} - e^{j2\pi nf_T t}\right)\\ &= a_n\cos(2\pi nf_T t) + b_n\sin(2\pi nf_T t)\end{aligned} \tag{2-39}$$

となって初めて物理的な意味をもつ．

B. 方形パルス列のスペクトル

図 2-12 に示す方形パルス列のフーリエ級数は次のように求められる．

$$\begin{aligned}V_n &= \frac{1}{T}\int_{-\tau/2}^{\tau/2} Ae^{-j2\pi nf_T t}dt\\ &= \frac{A}{T}\left[\frac{e^{-j2\pi nf_T t}}{-j2\pi nf_T}\right]_{t=-\tau/2}^{\tau/2} = \frac{A}{T}\left[\frac{e^{-j\pi nf_T \tau} - e^{j\pi nf_T \tau}}{-j2\pi nf_T}\right]\\ &= \frac{A}{T}\left[\frac{\sin(\pi nf_T \tau)}{\pi nf_T}\right] = Af_T\tau\left[\frac{\sin(\pi nf_T \tau)}{\pi nf_T \tau}\right]\end{aligned} \tag{2-40}$$

$v(t)$ が偶関数であることから，V_n は実数となる．また，この V_n は

$$n\pi f_T\tau = m\pi,\quad m = 0,\pm 1,\pm 2,\cdots \tag{2-41}$$

または

$$n = m\frac{T}{\tau} \tag{2-42}$$

のとき 0 となる．また，式 (2-40) の最初の 0 は周波数が $1/\tau$ のところで生

じる．図 2-16 は例として $\tau = T/5$ の場合のスペクトルを示している．このとき，$T/\tau = 5$ であることから $n = 5m$ となり，n が 5 の倍数のとき，V_n は 0 となる．したがって，0 から π までの間には直流成分を除き $5-1 = 4$ 本のスペクトル線が存在することになる．

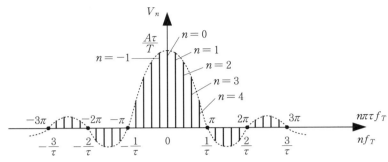

図 2-16 方形パルス列のスペクトル（$\tau = T/5$ の場合）

通信工学では，$\sin(x)/x$ はよく表れるので，sinc 関数または**標本化関数**（Sampling function）と呼ばれ

$$\mathrm{sinc}(x) = \frac{\sin(x)}{x} \tag{2-43}$$

で定義される．この定義式でわかるように，$x = n\pi$ のときに $\mathrm{sinc}(x) = 0$ になるが，$n = 0$ のときだけ $\mathrm{sinc}(x) = 1$ になることに注意してもらいたい．

$\mathrm{sinc}(x)$ 関数を使用すると，式（2-40）は次式のようにも書ける．

$$V_n = A f_T \tau \, \mathrm{sinc}(\pi n f_T \tau) \tag{2-44}$$

C. 孤立方形パルスのスペクトル

図 2-16 は周期 T で幅が τ の方形パルス列の線スペクトルである．その複素振幅 V_n は式（2-44）で与えられている．比較のため，V_n に T を乗じた

$$V_n T = A \tau \, \mathrm{sinc}(\pi n f_T \tau) \tag{2-45}$$

として，この $V_n T$ でスペクトルを表現するものとすると，τ が一定であるから T を変化してもスペクトルの包絡線は一定で，スペクトルの位置のみが変

化したものとなる．

T/τ を 2, 4, 6, ∞ とした場合のパルスとスペクトルは図 **2-17** に示す．τ を一定にして周期 T を大きくしていくと，パルスの間隔が段々大きくなり，$T \to \infty$ の極限を考えると，図 2-17(d) の孤立パルスとなる．スペクトルの変化の様子を見ると，T の増大とともにスペクトル間隔が狭くなっていくことがわかる．$T \to \infty$ の極限では間隔が 0 となり，連続なスペクトルとなる．このとき

$$V_n T = V(f) \tag{2-46}$$

が孤立パルスのスペクトルとなる．

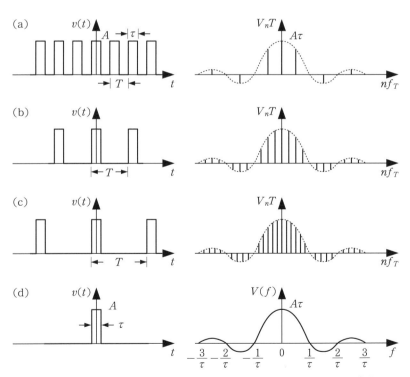

図 2-17　方形パルス列から孤立パルスへの周波数スペクトルの変化
　　　　 T/τ の値：(a) 2, (b) 4, (c) 6, (d) ∞．

周期波の場合は周期関数であるから，これをフーリエ級数に展開し，正弦波とその高調波に分解して取り扱うことができる．つまり，フーリエ級数展開は信号解析の考え方を示す基礎となるものといえる．しかしながら，通常の通信工学において信号として周期波形が使われることはない．正弦波や半波整流波のような周期波形は情報やエネルギーを運ぶ，いわば運び屋（carrier）にはなり得ても，情報そのものを表現する信号にはなり得ない．それゆえ，フーリエ級数による信号解析では不十分である．

　一方，ディジタル通信においては信号を表現するためにパルスのような孤立波を使うことが多い．このような信号パルスのように，周期性をもたない信号波形の場合には，これを無限大の周期で繰り返す周期波と考えて取り扱えば，周期波の場合と同様なスペクトルが得られる．ただし，周期が無限大となると各線スペクトルの間隔は0となり，連続なスペクトルとなる（図 2-17 参照）．周期波のフーリエ級数表示および複素フーリエ係数はすでに式（2-37）（2-38）で与えられている．

　ここで $1/T = \Delta f$ とおいて，$T \to \infty$ の極限をとると，

$$V(f) = \lim_{\Delta f \to 0} \frac{V_n}{\Delta f} \qquad (2\text{-}47)$$

であり，$V(f)$ の意味するところは単位周波数あたりの V_n を与えるもので，それゆえ**周波数スペクトル密度**（frequency spectral density）あるいは単に**周波数スペクトル**（frequency spectrum）と呼ばれる．結果として，次の公式が得られる．

$$V(f) = \int_{-\infty}^{\infty} v(t) e^{-j2\pi ft} dt \qquad (2\text{-}48)$$

$$v(t) = \int_{-\infty}^{\infty} V(f) e^{j2\pi ft} df \qquad (2\text{-}49)$$

　ここで，$V(f)$ を $v(t)$ の**フーリエ変換**（Fourier transform），または**フーリエ積分**（Fourier integral）といい，逆に，$V(f)$ から $v(t)$ を求めることを **フーリエ逆変換**（inverse Fourier transform），または**逆フーリエ積分**という．また，$V(f)$ は f の連続関数であることから線スペクトルと区別して**連続スペクトル**（continuous spectrum）という．

2.2 方形パルス

つまりこのフーリエ変換の教えるところは，任意の信号波形 $v(t)$ は周波数がごくわずかずつ異なる無限個の正弦波の集合で表現できるということである．

【例題 2.2】 図 2-11 に示す方形パルス $v_s(t)$ をフーリエ変換し，そのスペクトルを図示せよ．

《解》 公式 (2-48) よりスペクトルを求めると

$$
\begin{aligned}
V(f) &= \int_{-\infty}^{\infty} v_s(t) e^{-j2\pi ft} dt = \int_{-\tau/2}^{\tau/2} A e^{-j2\pi ft} dt \\
&= \frac{A}{-j2\pi f} \left[e^{-j2\pi ft} \right]_{-\tau/2}^{\tau/2} = \frac{A}{-j2\pi f} \left[e^{-j\pi f\tau} - e^{j\pi f\tau} \right] \\
&= \frac{A}{-j2\pi f} \left[\cos(\pi f\tau) - j\sin(\pi f\tau) - \cos(\pi f\tau) - j\sin(\pi f\tau) \right] \\
&= \frac{A \sin(\pi f\tau)}{\pi f} = \frac{A\tau \sin(\pi f\tau)}{\pi f\tau} = A\tau \, \text{sinc}(\pi f\tau) \quad (2\text{-}50)
\end{aligned}
$$

式 (2-50) を図示すると図 **2-18** のようになる．

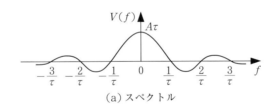

(a) スペクトル

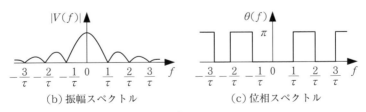

(b) 振幅スペクトル　　　　(c) 位相スペクトル

図 2-18　方形パルスのスペクトル

* * * * *

ディジタル通信では，方形パルスと正弦波を掛け合わせることがよくある．次の例題 2.3 で，このような波形のスペクトルを調べる．想像できると思う

が，方形パルスと正弦波のスペクトルとは深い関わりをもっている．

【例題 2.3】 図 2-19 のような波形をフーリエ変換し，図示せよ．

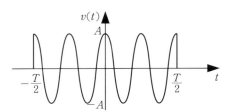

図 2-19　方形パルスと正弦波：$\cos(2\pi f_0 t)$

《解》 フーリエ変換は

$$\begin{aligned}
V(f) &= \int_{-T/2}^{T/2} A\cos(2\pi f_0 t) e^{-j2\pi ft} dt \\
&= \frac{A}{2}\int_{-T/2}^{T/2} \left[e^{j2\pi f_0 t} + e^{-j2\pi f_0 t} \right] e^{-j2\pi ft} dt \\
&= \frac{A}{2}\int_{-T/2}^{T/2} \left[e^{-j2\pi(f-f_0)t} + e^{-j2\pi(f+f_0)t} \right] dt \\
&= \frac{A}{2}\left[\frac{e^{-j2\pi(f-f_0)t}}{-j2\pi(f-f_0)} + \frac{e^{-j2\pi(f+f_0)t}}{-j2\pi(f+f_0)} \right]_{-T/2}^{T/2} \\
&= \frac{A}{2}\left[\frac{e^{-j\pi(f-f_0)T} - e^{j\pi(f-f_0)T}}{-j2\pi(f-f_0)} + \frac{e^{-j\pi(f+f_0)T} - e^{j\pi(f+f_0)T}}{-j2\pi(f+f_0)} \right] \\
&= \frac{A\sin(\pi(f-f_0)T)}{2\pi(f-f_0)} + \frac{A\sin(\pi(f+f_0)T)}{2\pi(f+f_0)} \\
&= \frac{AT}{2}\{\mathrm{sinc}[\pi(f-f_0)T] + \mathrm{sinc}[\pi(f+f_0)T)]\} \quad (2\text{-}51)
\end{aligned}$$

図 2-20 は式（2-51）を図示したものである．方形パルスのスペクトル

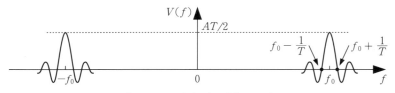

図 2-20　方形パルスと正弦波（周波数：f_0）のスペクトル

二つから成っており，それぞれの中心周波数は正弦波の周波数 f_0, $-f_0$ である．

* * * * *

D. 帯域幅

いままで信号の周波数成分を示してきたが，通信における重要な問題の一つは，周波数利用である．特に携帯電話のような無線通信では，使用できる周波数が法律によって制限されている．限られた周波数を使ってなるべく多くのデータを通信するために，送信信号を工夫する必要がある．当然様々な方式を比較する必要も出てくる．この比較を行うために周波数利用を示す尺度として，**帯域幅**（bandwidth）がよく使用される．

周期的な正弦波の場合，信号のスペクトルが単純で帯域幅を定義するのは難しくない．しかし，通信において送信信号は非周期的なので，波形パルスのような場合と同じで，帯域幅をどう定義すればよいだろうか．図 2-18 でわかるように，一般的に信号は全周波数を使用する．単純に周波数 B までの周波数を使用しているので，帯域幅を B と定義することができない．どの定義を使っても信号の電力スペクトルを使うことになる．

図 2-21 に電力スペクトルを基にいくつかの定義を示す．一番簡単な定義は，電力スペクトルが最初に 0 になる周波数 B_0 である．次に B_x の定義を考えてみよう．電力スペクトルの最大値を 0 [dB] として，その値から x [dB] 下がったところに横線を引く．電力スペクトルがこの線より完全に下になる最小の周波数を x-dB 帯域幅 B_x と定義する．最後に，$B_{p\%}$ の定義はどうだろうか．この帯域幅の定義は帯域外の電力に基づいている．信号の電力は電力スペクト

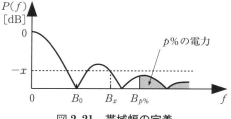

図 2-21 帯域幅の定義

ルの面積(積分)に当たる.全体の電力の $p\%$ が周波数 $B_{p\%}$ より右にあるとき,つまり帯域外にあるとき,$B_{p\%}$ を $p\%$ 帯域外電力帯域幅と定義する.

2.3 インパルス信号

抽象的な信号であるが,通信理論によく表れるのはインパルス信号である.実際に作ることは不可能であるが,理論を進めるために役立つ.

2.3.1 時間領域での表現

方形パルスの幅を短くしていった場合を考えよう.図 2-22(a),(b),(c) のように面積を 1 に保ったままで順次短くしていくと,方形パルスは幅 0,高さ ∞,面積 1 の極めて急峻なパルスとなり,これを**インパルス信号**(impulse signal)または**デルタ関数**(delta function)という.

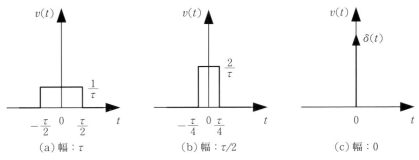

図 2-22 方形パルスからインパルス信号へ

一般的に,インパルス信号(デルタ関数)は,

$$\delta(t - t_0) \tag{2-52}$$

と記し,次式で定義される.

$$\delta(t - t_0) = \begin{cases} \infty, & t = t_0 \\ 0, & t \neq t_0 \end{cases} \tag{2-53}$$

$$\int_{-\infty}^{\infty} \delta(t - t_0) dt = 1 \tag{2-54}$$

2.3 インパルス信号

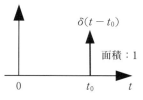

図 2-23　インパルス信号

図示する場合は，図 2-23 のようにする．

また，次式の性質を持っているので信号のサンプルを取ることにも使用されている．

$$\int_{-\infty}^{\infty} f(t)\delta(t-t_0)dt = f(t_0) \tag{2-55}$$

例えば，$t=2$ のときの $\cos(t)$ の値を次式で表現できる．

$$\int_{-\infty}^{\infty} \cos(t)\delta(t-2)dt = \cos(2) \tag{2-56}$$

ここで積分の範囲を $(-\infty, \infty)$ にしているが，t_0 が積分の範囲内であれば結果は同じである．

2.3.2　周波数領域での表現

インパルス信号のスペクトルを求めよう．フーリエ変換式 (2-48) より，

$$F_\delta(f) = \int_{-\infty}^{\infty} \delta(t-t_0)e^{-j2\pi ft}dt = e^{-j2\pi ft_0} \tag{2-57}$$

となる．これより，振幅スペクトルと位相スペクトルは

$$|F_\delta(f)| = 1 \tag{2-58}$$

$$\theta_\delta(f) = -2\pi ft_0 \tag{2-59}$$

となる．式 (2-58) より，このインパルス信号は $-\infty$ から ∞ までの周波数範囲のすべてにわたり高さ 1 の均一な振幅スペクトルをもつことがわかる．また式 (2-59) より，インパルス信号が含む周波数 f の正弦波成分の位相は $-2\pi ft_0$ となり，時刻 t_0 で発生するインパルス信号の直線位相スペクトルの傾斜は $-2\pi t_0$ となる．図 2-24 にこのインパルス信号およびその振幅スペクト

ルと位相スペクトルを示す．

もし $t=0$ でインパルス信号が発生したなら，すなわち $t_0=0$ の場合，位相スペクトルは 0 となり，振幅スペクトルだけとなる．

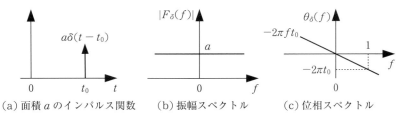

(a) 面積 a のインパルス関数　(b) 振幅スペクトル　(c) 位相スペクトル

図 2-24　面積 a のインパルス信号とスペクトル

2.3.3 インパルス列

図 2-25 に示す周期 T で繰り返されるインパルス信号を**インパルス列**（impulse train）と呼び，次式で与えられる．

$$I(t) = \sum_{k=-\infty}^{\infty} \delta(t-kT) \tag{2-60}$$

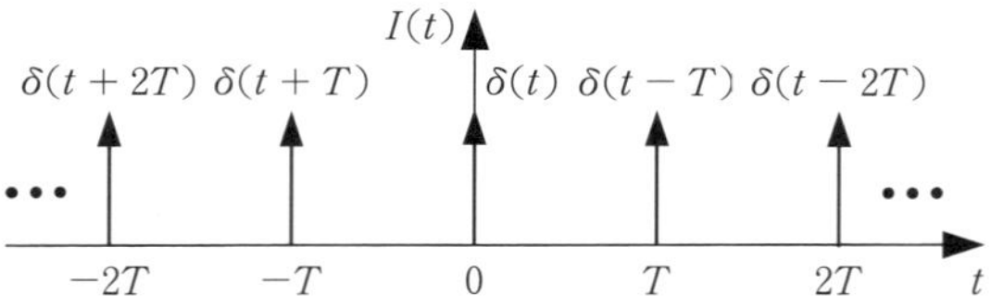

図 2-25　インパルス列

このインパルス列は周期関数であるから，式（2-37）から次のようなフーリエ級数で表現できる．

$$I(t) = \sum_{k=-\infty}^{\infty} A_k e^{j2\pi k f_0 t} \tag{2-61}$$

ただし，$f_0 = 1/T$ である．A_k を求めると，式（2-38）と式（2-55）より

$$\begin{aligned} A_k &= \frac{1}{T} \int_{-T/2}^{T/2} I(t) e^{-j2\pi k f_0 t} dt \\ &= \frac{1}{T} \int_{-T/2}^{T/2} \sum_{k=-\infty}^{\infty} \delta(t-kT) e^{-j2\pi k f_0 t} dt \\ &= \frac{1}{T} \int_{-T/2}^{T/2} \delta(t) e^{-j2\pi k f_0 t} dt = \frac{1}{T} e^0 = \frac{1}{T} \end{aligned} \tag{2-62}$$

2.3 インパルス信号

したがって，インパルス列は

$$I(t) = \frac{1}{T}\sum_{k=-\infty}^{\infty} e^{j2\pi k f_0 t} \tag{2-63}$$

と表現できる．

次に，この周波数スペクトルを求める．インパルス列 $I(t)$ をフーリエ変換すると

$$I(f) = \int_{-\infty}^{\infty} I(t)e^{-j2\pi ft}dt = \int_{-\infty}^{\infty} \frac{1}{T}\sum_{k=-\infty}^{\infty} e^{j2\pi k f_0 t}e^{-j2\pi ft}dt$$
$$= \frac{1}{T}\sum_{k=-\infty}^{\infty} \int_{-\infty}^{\infty} e^{j2\pi (kf_0-f)t}dt \tag{2-64}$$

となる．式（2-57）の逆フーリエ変換を考えると次式が成り立つことがわかる．

$$\delta(x - x_0) = \int_{-\infty}^{\infty} e^{j2\pi(x-x_0)t}dt \tag{2-65}$$

この関係と，インパルス信号が偶関数であることを利用すると，

$$I(f) = f_0 \sum_{k=-\infty}^{\infty} \delta(kf_0 - f) = f_0 \sum_{k=-\infty}^{\infty} \delta(f - kf_0) \tag{2-66}$$

となる．このスペクトルを図 **2-26** に示す．

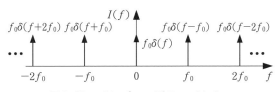

図 **2-26** インパルス列のスペクトル

式（2-66）が示すように，インパルス列の周波数スペクトルもやはりインパルス列となる．すなわち，時間領域と周波数領域のいずれかが一定のインパルス列のとき，他方も一定のインパルス列となるのである．

演習問題

【2.1】 横軸が $\cos(2\pi ft)$, 縦軸が $-\sin(2\pi ft)$ の場合,次の座標に対応する信号を $A\cos(2\pi ft + \theta)$ で表現し,波形の1周期分をプロットせよ.
(a) $(2, -3)$ (b) $(-4, 4)$ (c) $(3, 4)$ (d) $(-1, -4)$

【2.2】 横軸が $\cos(2\pi ft)$, 縦軸が $-\sin(2\pi ft)$ の場合,次の信号に対する座標を計算せよ.
(a) $4\cos(2\pi ft + \pi/4)$ (b) $2\cos(2\pi ft - \pi/3)$
(c) $5\cos(2\pi ft - 5\pi/6)$ (d) $\cos(2\pi ft + 3\pi/5)$

【2.3】 $4\cos(10\pi t + 3)$ を複素指数関数で表現し,振幅と位相の両側スペクトルを図示せよ.

【2.4】 図 2-13 の信号スペースを使用して,次の座標に対応する信号を図示せよ.
(a) $(2, 3)$ (b) $(-1, 4)$

【2.5】 問題【2.4】の信号のエネルギーを求めよ.

【2.6】 問題【2.1】の信号の平均電力を求めよ.一般的に,座標が (x_0, y_0) のときの平均電力はいくらになるか.

【2.7】 $\cos(10\pi t)$, $0 \leq t \leq 1$ と直交する信号がたくさんある.$\cos(2\pi ft)$ の信号の中で,直交となる最小の周波数 f ($f > 0$) を求めよ.

【2.8】 下図信号のフーリエ変換を求め,振幅スペクトルをプロットせよ.

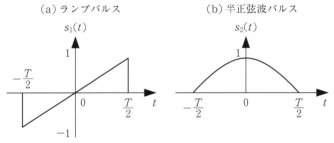

(a) ランプパルス   (b) 半正弦波パルス

【2.9】 問題【2.8】の信号の帯域幅 B_0, B_{10} を求めよ.

【2.10】 次式の値を求めよ.

$$\int_{-\pi}^{\pi} \sum_{k=-\infty}^{\infty} \delta(t-k)\cos(\pi t/4)\, dt$$

第3章　通信システムのモデル

> 情報という言葉が生まれる直接のきっかけになったShannonの第2基本定理を中心に，通信システムモデルや通信の限界について解説する．実際の通信システムとの比較を通じてその意義を考える．

3.1　Shannonの通信システムモデル

実用に供されている通信システムは様々であるが，これらを抽象化してモデルを示すと，その最も基本的なものは図3-1となる．

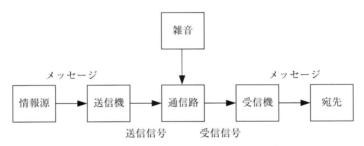

図 3-1　**Shannon**の通信システムモデル

情報源（information source）から出されたメッセージ（message）は，**送信機**で信号に変換されて**通信路**（channel）に送り出される．このとき，通信路では必ず**雑音**（noise）が存在し，送信信号と一緒に**受信機**（receiver）の入力となるため，妨害の原因となる．受信機側では，送信信号と雑音を受信し，送信機と逆の操作を行って元のメッセージを復元してから**宛先**（destination）へ届ける．それぞれの部分についてもう少し詳しく解説する．

情報源から出されるメッセージはディジタルとアナログの大分類に分けられる．特徴としては，ディジタルメッセージは有限長のビット系列で表現できるが，アナログメッセージはそのように表現できない．例えば，インターネット

に流れている情報はすべてディジタルメッセージである．一方，人間の声や携帯電話のアンテナから発信される電波のようなものはアナログメッセージになる．

送信機の役割は二つある．一つはアナログやディジタルメッセージをビット系列に変換することで，もう一つはそのビット系列を送信信号に変換することである．ただし，元々のメッセージがディジタルであれば前者は不要である．これらの処理方法は別の章で解説する．

送信機と受信機をつなぐ通信路は雑音によって必ず送信信号に何らかの影響を与える．この雑音は様々な原因がある．送信機，受信機，アンテナなど通信システム内部で発生するものと，システム外で発生しシステム内に混入してくるものとに大別され，前者は**内部雑音**，後者は**外来雑音**という．内部雑音には，抵抗体の雑音（熱雑音，電流雑音），トランジスタやICの雑音（フリッカ雑音，分配雑音など），磁気的雑音（強磁性体のバルクハウゼン雑音），電源雑音（ハム），漏話雑音（他通信路からの混入雑音）などがあり，外来雑音には，自然雑音（空電，太陽雑音，宇宙雑音など），人工雑音（自動車のイグニッション雑音，蛍光灯や高周波ミシンなどで発生する雑音）がある．

3.1.1 通信システムのモデル化

実際の通信システムを前述のモデルにどのように当てはめられるだろうか．携帯電話で会話をするときの通信システムを取り上げて考えてみよう．

まず，情報源は人間が発生する声になる．この声は空気を伝わって携帯電話のマイクに届く．人間の声は無数の形が可能なので，この情報源はアナログになる．

この声は携帯電話のマイクに入ってアナログ信号に変換される．このアナログ信号はディジタル化され，やがて声が0と1のビット系列になる．さらにこのビット系列は電波に変換され，携帯電話から発信される．つまりこの場合のモデルの送信機は，携帯電話のマイクからアンテナまでと考える．

携帯電話から発信された電波は，空気を通って電話会社の基地局アンテナに受信される．その後，送信した情報は様々な回路や電線を通って受信者の近くのアンテナから発信され，やがて受信者の携帯電話のアンテナに入る．かなり

複雑であるが，通信路は携帯電話のアンテナから受信者の携帯電話のアンテナまでの過程になる．前述の通信路に入る雑音は回路や空気中で信号に影響を与える様々な原因になる．

受信機は受信者の携帯電話で，アンテナから信号が入ってからスピーカーから音が出るまでの部分だと考えられる．ここで行う処理は送信機と逆の処理である．受信した信号から 0 と 1 の系列を復元して，その系列からアナログ信号を作り出す．スピーカーから出る音は宛先である話している相手に届く．

【例題 3.1】 CD プレーヤーで音楽を聴く通信システムをモデル化せよ．

《解》 情報源は，CD を作る前の音楽になる．送信機は，この音楽を録音してディジタル化する過程に相当する．通信路は，音楽データを CD に書き込み，記録されたデータを CD プレーヤーで読み取るまでの過程になる．雑音は，書き込みや読み取り時に発生する電気的や光学的な障害があるが，ディスクの傷も雑音になる．受信機は CD プレーヤーの音楽復元・再生回路になり，宛先は聴いている人である．

＊　＊　＊　＊　＊

3.1.2 通信路モデル

通信路は有線と無線に大きく分けられる．電線のみで構成されているものは有線になるが，電波を利用する場合は無線になる．一般的に無線より有線通信の方が雑音や障害の対策が施しやすいので速く正確に通信ができる．

A. 有線通信路

有線通信において，現実に合う一番簡単な通信路モデルは図 3-2 に示す加法性モデルである．このモデルで受信信号は単純に送信信号と雑音の和で与えら

図 3-2　有線通信路の加法性モデル

れる.

B. 無線通信路

無線通信の場合,図 3-3 で示すように様々な動的要因を考慮する必要がある.携帯電話のような端末を使用すれば,端末自体が移動するし,移動しなくても送信機と受信機の間の伝達経路が変化する場合が多い.また伝達経路が複数存在するので,受信信号に大きな影響を与える.つまり通信路の特性は時間と共に変化するので,大変厳しい通信環境である.これを克服するための技術は様々開発されているが,動きの自由がある代わりに,通信の性能や速度が有線の場合よりも劣る.

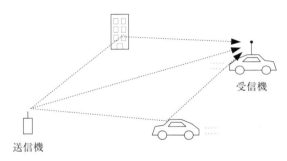

図 3-3　無線通信環境

図 3-3 のような環境で信号を送信するとどうなるか考えてみよう.まずは図 3-4 に示すように,一つのパルス信号を送信すれば,受信側で複数のパルスが届く.それぞれのパルスの振幅が異なるし,到着時間もばらばらである.これは伝達経路が複数存在することが原因である.伝達経路が時間的に変化するので,同じパルスを別の時刻に送信すると結果が変わってしまうことも理解してほしい.

図 3-4　無線でパルスを送信した場合の受信信号

独立のパルスを送信すれば,あまり問題はないが,実際の通信システムでは

たくさんのパルスか，連続した正弦波を送信することがほとんどである．この場合は，受信側でそれぞれの経路を通って到着する信号が重なって図 3-5 のような強弱がある信号になってしまう．この現象を**フェージング**（fading）という．受信側で信号の山が重なれば受信信号の振幅は大きくなるが，谷と山が重なれば振幅は小さくなる．

図 3-5　無線で正弦波を送信した場合の受信信号

3.1.3　雑音のモデル

種々の雑音源から発せられる雑音により，通信の質は大きな影響を受ける．ラジオに雑音が加わると音質が低下し，テレビの場合は画質が劣化する．データ通信では，雑音が信号より大きくなると，通信そのものが不能となる．このように通信における雑音の問題は，避けて通ることのできない本質的に重要なものである．雑音はそのランダム性のゆえに，その波形を明確に予測することはできないが，これを一つの確率過程とみなすと数学的表現ならびに解析が可能となる．

A. 連続型確率変数

連続型確率変数 X は**確率密度関数**（probability density function, pdf）$p(x)$ で定義される．その簡単な例は図 3-6 に示す**一様分布**（uniform distri-

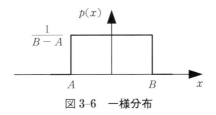

図 3-6　一様分布

bution）である．図を見てわかるように関数の値は区間 $[A, B]$ において一定の値を持つ．

では，X の確率はどうなるか．確率密度関数は直接確率を表すわけではないことに注意してほしい．例えば，$P(X = A) = 1/(B - A)$ とならない．連続型確率変数が持てる値は無数にあるため，特定の値になる確率は 0 である．そのことよりも，ある区間に入る確率に意味がある．

一般的に X がある値 a 以下になる確率は次式で与えられる．

$$P(X \leqq a) = \int_{-\infty}^{a} p(x)dx \tag{3-1}$$

つまり確率密度関数下の面積が確率になる．確率というのは，必ず 0 以上 1 以下であることから次の性質をもつ必要がある．

$$p(x) \geqq 0 \tag{3-2}$$

$$\int_{-\infty}^{\infty} p(x)dx = 1 \tag{3-3}$$

これらの性質を用いると次の確率が簡単に求めることができる．

$$P(X > a) = 1 - P(X \leqq a) = \int_{a}^{\infty} p(x)dx \tag{3-4}$$

$$P(a < X \leqq b) = P(X \leqq b) - P(X \leqq a) = \int_{a}^{b} p(x)dx \tag{3-5}$$

確率変数の重要なパラメータは，**平均値**（mean）m と**分散**（variance）σ^2 である．また，σ を**標準偏差**（standard deviation）という．一般的に平均値と分散はそれぞれ次式で与えられる．

$$m = E(X) = \int_{-\infty}^{\infty} xp(x)dx \tag{3-6}$$

$$\sigma^2 = \int_{-\infty}^{\infty} (x - m)^2 p(x)dx \tag{3-7}$$

【例題 3.2】 一様分布の平均値と分散を求めよ．

3.1 Shannon の通信システムモデル

《解》

$$m = \int_A^B x \frac{1}{B-A} dx = \frac{1}{B-A} \left[\frac{x^2}{2} \right]_A^B = \frac{B^2 - A^2}{2(B-A)} = \frac{B+A}{2} \tag{3-8}$$

$$\sigma^2 = \int_A^B \left(x - \frac{B+A}{2} \right)^2 \frac{1}{B-A} dx = \frac{1}{B-A} \left[\frac{1}{3} \left(x - \frac{B+A}{2} \right)^3 \right]_A^B$$
$$= \frac{1}{3(B-A)} \left[\left(B - \frac{B+A}{2} \right)^3 - \left(A - \frac{B+A}{2} \right)^3 \right]$$
$$= \frac{1}{3(B-A)} \left[\left(\frac{B-A}{2} \right)^3 + \left(\frac{B-A}{2} \right)^3 \right] = \frac{(B-A)^3}{12(B-A)}$$
$$= \frac{1}{12}(B-A)^2 \tag{3-9}$$

* * * * *

もう一つよく使われる分布は，次式の**レイリー分布**（Rayleigh distribution）である．

$$p(x) = \begin{cases} \dfrac{x}{\sigma^2} e^{-x^2/(2\sigma^2)}, & x \geqq 0 \\ 0, & x < 0 \end{cases} \tag{3-10}$$

この分布の様子を図 **3-7** に示す．

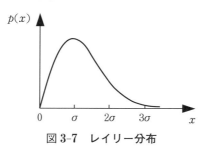

図 3-7　レイリー分布

B. ガウス雑音

雑音の瞬時振幅が確率的に**正規分布**（normal distribution）に従うような雑音を**ガウス雑音**（Gaussian noise）といい，ほとんどすべてのランダム現

象に関係する最も重要な確率分布である．その確率密度関数 $p(x)$ は次式で与えられる．

$$p(x) = \frac{1}{\sqrt{2\pi\sigma^2}} e^{-(x-m)^2/(2\sigma^2)} \tag{3-11}$$

$m = 0$ のとき，式 (3-11) を図示すると図 3-8 となるが，これは σ の値が小さいほど急峻な山形になる．つまり，標準偏差 σ が小さいほど平均からずれる確率が小さくなるのである．

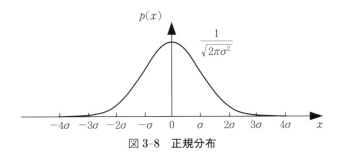

図 3-8　正規分布

正規分布の重要性は**中央極限定理**（central limit theorem）に起因する．多数の独立な雑音源から発生した雑音が加え合わさった時，その総和の変動は正規分布に従う．例えば，抵抗体内の多数の電子が不規則な熱変動をするため，抵抗体の両端に誘起される雑音（熱雑音）はガウス雑音となる．また宇宙から降ってくる雑音などもガウス雑音である．

正規分布に従う確率変数 X の確率は次式で与えられる．

$$P(X \leqq a) = \int_{-\infty}^{a} \frac{1}{\sqrt{2\pi\sigma^2}} e^{-(x-m)^2/(2\sigma^2)} dx \tag{3-12}$$

通信システムの性能を評価するために，このように正規分布を積分することが多いが，一般的に数値解法しかない．表現を簡単にするために，**誤差関数**（error function, erf），**誤差補関数**（complementary error function, erfc）が次式のように定義されている．

$$\mathrm{erf}(x) = \frac{2}{\sqrt{\pi}} \int_0^x e^{-t^2} dt \tag{3-13}$$

$$\mathrm{erfc}(x) = \frac{2}{\sqrt{\pi}} \int_x^\infty e^{-t^2} dt = 1 - \mathrm{erf}(x) \tag{3-14}$$

これらの関数は次の性質をもつ.

$$\mathrm{erf}(-x) = -\mathrm{erf}(x) \tag{3-15}$$

$$\mathrm{erfc}(-x) = 2 - \mathrm{erfc}(x) \tag{3-16}$$

さらに特殊な値として次の値がある.

$$\mathrm{erf}(0) = 0 \tag{3-17}$$

$$\mathrm{erf}(\infty) = \mathrm{erfc}(0) = 1 \tag{3-18}$$

$$\mathrm{erfc}(\infty) = 0 \tag{3-19}$$

$$\mathrm{erfc}(-\infty) = 2 \tag{3-20}$$

これらの関数を利用すれば,式 (3-12) の確率は次式のように書ける.

$$P(X \leqq a) = \frac{1}{2} + \frac{1}{2}\mathrm{erf}\left(\frac{a-m}{\sqrt{2\sigma^2}}\right) = 1 - \frac{1}{2}\mathrm{erfc}\left(\frac{a-m}{\sqrt{2\sigma^2}}\right) \tag{3-21}$$

ガウス雑音のスペクトル密度が一定の場合,この雑音を**白色ガウス雑音** (white Gaussian noise) と呼ぶ.全周波数成分を持つことから,全色成分を持つ「白」に例えて名づけられている.白色雑音の特徴としては,完全にランダムであることが挙げられる.つまり,雑音信号をいくら拡大しても同じように見えるし,過去の雑音の傾向をいくら見ても次の値が推定できない.

C. 狭帯域ガウス雑音

雑音理論によると,図 **3-9** に示すようにスペクトル密度が中心周波数 f_0 の近傍に集中しているとき ($\Delta f \ll f_0$),このガウス雑音はとくに**狭帯域ガウス雑音** (narrowband Gaussian noise) と呼ばれ,図 **3-10** のような振幅と位相がゆっくり変化する正弦波状の波形となり,つぎのように表現される.

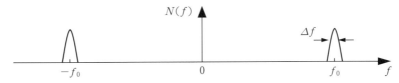

図 3-9 狭帯域ガウス雑音のスペクトル

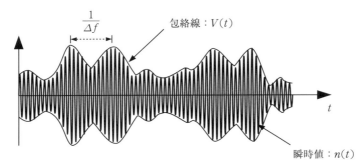

図 3-10 狭帯域ガウス雑音の例

$$n(t) = n_c(t)\cos(2\pi f_0 t) - n_s(t)\sin(2\pi f_0 t)$$
$$= V(t)\cos[2\pi f_0 t + \phi(t)] \tag{3-22}$$

ここに，$n_c(t)$，$n_s(t)$ は**同相成分**（in-phase component）と**直交成分**（quadrature component）であり，共に $n(t)$ と同じ平均値と分散，すなわち，0 と σ^2 をもつ互いに独立な正規分布則に従う変数である．したがって，**包絡線** $V(t)$ と **位相** $\phi(t)$ は

$$V(t) = \sqrt{n_c^2(t) + n_s^2(t)} \quad 0 \leqq V(t) \tag{3-23}$$

$$\phi(t) = \mathrm{atan2}[n_s(t), n_c(t)] \quad -\pi < \phi(t) \leqq \pi \tag{3-24}$$

で与えられ，それぞれの確率密度関数は，レイリー分布，一様分布となる．ここで，atan2(y, x) は C 言語等でよく使われる関数で arctan(x) を拡張したものである．

通常，受信機に到来する雑音は十分に広帯域であるが，受信機の前段の帯域フィルタで信号の帯域外の不要雑音を除去するから，帯域フィルタ通過後の雑音のスペクトルは信号の中心周波数に比べて狭い，いわゆる狭帯域雑音となる．

D. 正弦波と狭帯域ガウス雑音の合成波

正弦波 $A\cos(2\pi f_0 t)$ に式 (3-22) の狭帯域ガウス雑音が加わると

$$A\cos(2\pi f_0 t) + n_c(t)\cos(2\pi f_0 t) - n_s(t)\sin(2\pi f_0 t)$$
$$= U(t)\cos[2\pi f_0 t + \theta(t)] \tag{3-25}$$

と書ける．ここに

$$U(t) = \sqrt{[A + n_c(t)]^2 + n_s^2(t)} \tag{3-26}$$

$$\theta(t) = \mathrm{atan2}[n_s(t),\ A + n_c(t)] \tag{3-27}$$

である．この包絡線 $U(t)$ の確率密度関数 $p(U)$ は次式で与えられる．

$$p(U) = \frac{U}{\sigma_n^2}\exp\left(-\frac{U^2 + A^2}{2\sigma_n^2}\right)I_0\left(\frac{AU}{\sigma_n^2}\right) \tag{3-28}$$

ここに $I_0(x)$ は第 1 種 0 次変形 Bessel 関数で

$$I_0(x) = \sum_{k=0}^{\infty}\left(\frac{x}{2}\right)^{2k}\cdot\frac{1}{(k!)^2} \tag{3-29}$$

で与えられる．式 (3-28) は**仲上-Rice 分布** (Nakagami-Rice distribution) と呼ばれる．また位相 $\theta(t)$ の確率密度関数は次式で与えられる．

$$p(\theta) = \frac{e^{-\rho}}{2\pi}\{1 + \sqrt{\pi\rho}\cos\theta[1 + \mathrm{erf}(\sqrt{\rho}\cos\theta)]e^{\rho\cos^2\theta}\} \tag{3-30}$$

ただし，

$$\rho = \frac{A^2}{2\sigma_n^2} \tag{3-31}$$

は正弦波の電力 $A^2/2$ と雑音の電力 σ^2 の比である．図 **3-11** に種々の ρ の値に対する $p(U)$ の分布を示す．図に [dB] 表示を利用しているため，ρ は正弦波電力 $A^2/2$ と雑音電力 σ_n^2 の比の常用対数をとったものを 10 倍したもの，すなわち

$$\rho\,[\mathrm{dB}] = 10\log_{10}\left(\frac{A^2}{2\sigma_n^2}\right) \tag{3-32}$$

の値である．

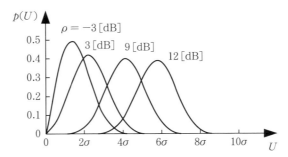

図 3-11　正弦波とガウス雑音の和の包絡線の確率密度関数（仲上-Rice 分布）

3.2　通信の性能評価と限界

3.2.1　誤り率

アナログ通信系では，信号に加わった雑音は決して受信機で取り除くことはできず，信号の歪として観測される．一方，ディジタル通信では，判定スレッショルド以下の小さな雑音が加わっても正しく判定されるため，通信に妨害を与えることはない．つまり，雑音の小さい通信路では良好な通信が実現できる．このことがディジタル通信の一つの特長となっている．しかしながら，ディジタル波形に加わった雑音の振幅は，ある（小さな）確率で必ず判定スレッショルド以上の値をとる．このときには，受信側で判定誤りが生じることになる．いまガウス雑音を仮定すると，いかに雑音電力 N（= 分散 σ^2）が小さくとも，その振幅は $-\infty$ から ∞ までとりうるため，わずかな確率ではあるが，雑音振幅がスレッショルドを超える場合があり，そのため誤りは決して 0 にはならない．

雑音の性質はランダムなので，ディジタル通信の品質は**誤り率**（probability of error）P_e で評価する．当然誤り率は小さいほうが良いが，0 にはならない．この誤り率をどう下げるかが通信の大きな問題である．

誤り率を小さくするためには，送信電力を大きくしなければならないが，送信電力は小さいほど良い．実際にどこまで誤り率を下げれば通信できるだろうか．音声をディジタル化して送信する場合，一般的に $P_e < 10^{-2}$ とされてい

る．インターネット等でデータを送信する場合は，誤りが生じた場合に再送要求技術を用いるとしても，もっと低い誤り率が要求され，$P_e < 10^{-5}$ が望ましい．

3.2.2 通信路容量

誤り率 P_e は雑音電力が小さくなるにつれ，あるいは逆に信号電力が大きくなるにつれ（判定スレッショルドも当然大きくとれることになる）小さくなる．つまり P_e は**信号対雑音比**（signal to noise ratio，SN 比），に依存することになる．

いま雑音をスペクトル密度が n_0 なる白色ガウス雑音とし，信号の平均電力を S，通信路の帯域幅（信号の帯域幅と同じと考える）を B とすると，SN 比は，

$$\text{SN 比} = \frac{S}{N} = \frac{S}{n_0 B} \tag{3-33}$$

となるから，信号電力 S を大きくするか，帯域幅 B を小さくすれば誤りは小さくなる．しかし，S は物理的な制限からある一定値以上に大きくはできないので，P_e を小さくするには帯域幅 B を小さくするしかない．帯域幅が小さくなると情報伝送量が減少するから，結局，P_e を小さくする代償は情報伝送量の減少であり，情報伝送量を減少させることなく誤りを小さくはできないことになる．このような議論をベースに，通信路に雑音が存在する限り，誤りのない通信を達成することは不可能なことと考えられていた．

1948 年に Shannon は，その論文 "A Mathematical theory of communication" の中で，白色ガウス雑音存在下であっても

$$C = B \log_2 \left(1 + \frac{S}{N}\right) \text{ [bits/s]} \tag{3-34}$$

未満の伝送速度なら『**誤り率をいくらでも 0 に近づけることが可能であること**』を証明した．これは **Shannon の第 2 基本定理**として知られている．この伝送速度 C を**通信路容量**（channel capacity）という．ただし，Shannon はどのような方法でこれを実現すべきかということについては一切言及しておらず，これは通信技術者に課せられた努力目標に相当する．

【例題 3.3】 電話音声回線では $B = 3\,[\text{kHz}]$, $S/N = 30\,[\text{dB}]$ が代表的な値である．この回線では 1 秒間に最大何ビット伝送できるか．

《解》 SN 比の dB 表示が与えられているから，これから S/N を求めると

$$S/N = 10\log_{10}\frac{S}{N} = 30\,[\text{dB}] \to \frac{S}{N} = 10^3$$

よって，Shannon の通信路容量より計算すると

$$C = 3 \times 10^3 \log_2(1 + 10^3) \approx 3 \times 10^3 \log_2 2^{10} = 3 \times 10^4\,[\text{bits/s}]$$

となる．

* * * * *

実際にはこの理論的限界値を達成することは困難であり，現在のデータ伝送方式では，実際の伝送速度が $2.2 \times 10^4\,[\text{bits/s}]$ であって，理論値の約 2/3 程度である．これは量的な相違を示すものであるが実際には質的にも大きな差がある．$9.6 \times 10^3\,[\text{bits/s}]$ で伝送する場合，誤り率が $P_e = 10^{-7}$ （1000 万個に 1 個の割合で誤る）くらいとなる．

一方，通信路容量は「誤り率が $P_e = 0$ で（すなわち，誤りなしで），毎秒 C 個の 2 進符号を伝送できる」というもので，その質的な差は残されたままである．なお，ADSL（Asymmetric Digital Subscriber Line）は帯域幅を拡げてメガビットオーダーの高速ディジタル伝送を行うものである．ただし，高周波部分は距離が長くなると激しい減衰が伴うため，電話基地局から，例えば 5 [km] 以内，という制限が付加されている．

【例題 3.4】 いま帯域 $B = 3.01\,[\text{kHz}]$ の伝送路で，SN 比を 20, 30, 40 [dB] と増加させると，通信路容量はどのように変化するか，その結果について考察せよ．

《解》 式 (3-34) を変形して，数値を代入すると

$$S/N = 10\log_{10}\frac{S}{N} = 30\,[\text{dB}] \to \frac{S}{N} = 10^3$$

3.2 通信の性能評価と限界

よって，Shannon の通信路容量より計算すると

$$C = B\log_2(1 + S/N) = \frac{B\log_{10}(1+S/N)}{\log_{10}2}$$
$$= \frac{3.01 \times 10^3 \log_{10}(1+S/N)}{0.301} = 10^4 \log_{10}(1+S/N)$$

となる．SN 比が 20 [dB] のとき

$$20 = 10\log_{10}\frac{S}{N} \rightarrow S/N = 10^2$$

となり，通信路容量は

$$C = 10^4 \log_{10}(1 + 10^2) \approx 2 \times 10^4 \text{ [bits/s]}$$

となる．同様にして，30, 40 [dB] のときの通信路容量が次のように求まる．

SN 比	C [bits/s]
20 [dB] → 10^2	2×10^4
30 [dB] → 10^3	3×10^4
40 [dB] → 10^4	4×10^4

いま SN 比を 20 [dB] から 30, 40 [dB] へと増加させても（雑音電力を一定として考えると，信号電力は 10 倍，100 倍大きくなっている），通信路容量はわずかに 50%，100% しか大きくなっていない．つまり，信号電力を大きくすることによって通信路容量を大きくするのはあまり効率の良い方法とはいえないのである．

* * * * *

演習問題

【**3.1**】 PC で電子メールを読むときの通信システムについて考える．システムモデルの各要素（情報源，送信機，通信路，雑音，受信機，あて先）は何に相当するか説明せよ．

【**3.2**】 あるマルチパス通信路を通った信号 $s(t)$ は次のように受信される．

$$r(t) = a_0 s(t) + a_1 s(t-t_1) + a_2 s(t-t_2)$$

送信信号が $s(t) = \cos(2 \times 10^6 \pi t)$, $0 \leq t \leq 5\,[\mu s]$ で，通信路の各パラメータが $a_0 = 0.7$, $a_1 = 0.25$, $a_2 = 0.1$, $t_1 = 1.1\,[\mu s]$, $t_2 = 3.7\,[\mu s]$ のとき，受信信号 $r(t)$, $(0 \leq t \leq 8\,[\mu s])$ を求めてプロットせよ．

【3.3】 問題【3.2】の受信信号の瞬時電力をプロットせよ．

【3.4】 式（3-21）を導出せよ．

【3.5】 $\sigma^2 = 2$ のレイリー分布において，$P(X > 4)$ を求めよ．

【3.6】 レイリー分布の平均値を求めよ．ただし
$$\int_0^\infty x^2 e^{-x^2} dx = \frac{\sqrt{\pi}}{4}$$

【3.7】 平均 3，分散 5 のガウス雑音の場合，次の確率を erfc 関数で表せ．ただし，解答 $\mathrm{erfc}(a)$ のところの a が 0 以上になるように変形せよ．例えば $\mathrm{erfc}(-1)$ ではなく，$\mathrm{erfc}(1)$ で表すこと．
(a) $P(x \leq -1)$ (b) $P(x > 1)$ (c) $P(-1 < x \leq 1)$

【3.8】 $A = 2$, $\sigma_n^2 = 0.2$ のときの仲上-Rice 分布 $p(U)$, $(0 \leq U \leq 4)$ をプロットせよ．

【3.9】 データを $100\,[\mathrm{Mb/s}]$ で送信して，平均して 1 秒当たり $25\,[\mathrm{bit}]$ の誤りがあった場合の誤り率を求めよ．

【3.10】 正弦波を使って通信を行うシステムについて考える．通信路の帯域幅が $22\,[\mathrm{kHz}]$，雑音の電力スペクトル密度が $n_0 = 0.001\,[\mathrm{W/Hz}]$，SN 比が $33\,[\mathrm{dB}]$ のとき，信号の振幅はいくらか計算せよ．

【3.11】 ある通信路を通して，速度 $1\,[\mathrm{Gb/s}]$ で誤り無しの通信がしたい．測定したところ，SN 比が $27.9\,[\mathrm{dB}]$ だとわかった．この通信路の最低限必要な帯域幅を求めよ．

【3.12】 問題【3.11】で，誤りを気にしない場合の最低限必要な帯域幅を求めよ．理由も述べよ．

【3.13】 $1\,[\mathrm{MHz}]$ の正弦波 $A \sin(2\pi \times 10^6 t + \theta)$ の帯域幅はいくらか．また，このままの正弦波で情報を伝送することが可能か．

【3.14】 もし，通信路に雑音がなければ，通信路容量はどうなるか．数学的，および物理的に考察せよ．

第4章　アナログ信号のディジタル表現

ディジタル通信における信号は本質的にディジタル量であり，送信すべき情報がディジタル量であれば問題ないが，アナログ信号を通信するときには，これを一度ディジタル信号に変換して伝送する．逆に，受信側では受信したディジタル信号より元のアナログ信号を復元することになる．

このようなことが可能となる理論的根拠が標本化定理であり，これについて述べる．また，実際のデータ伝送では，信号を表現するのに種々のパルス変調方式が使われる．これについても説明する．

4.1 標本化定理

4.1.1 理想的な標本化

通信理論において**標本化定理**（sampling theorem）は極めて重要な定理であり，アナログ信号がディジタル表現可能であることを示すものである．これは「周波数 f_m 以上の周波数成分を含まない帯域制限波形は，$1/(2f_m)$ 秒以下の等間隔の標本値で一意的に決定できる」というものである．

いま，連続波形 $f(t)$ は図 4-1(a) に示すように，f_m 以上の周波数成分をもたない帯域制限波形であり，その周波数スペクトルを $F(f)$ とする．この $f(t)$ を**サンプリング周波数**（sampling frequency）f_0，つまり時間間隔 $T = 1/f_0$ で**標本化**，または**サンプリング**（sampling）すると，得られる**標本値**，または**サンプル**（sample value）は

$$f(kT), \quad k = 0, \pm 1, \pm 2, \cdots \qquad (4\text{-}1)$$

となる．ただし，$f_0 \geqq 2f_m$ とする．いま図 4-1(b) に示すように，$f(t)$ を理想的なインパルス列 $I(t)$ で標本化したインパルス列を $f_s(t)$ とすると，これは

$$f_s(t) = f(t)I(t) = \sum_{k=-\infty}^{\infty} f(kT)\delta(t-kT) \qquad (4\text{-}2)$$

となる.$f_s(t)$ は $f(t)$ と $I(t)$ の積だから,$f_s(t)$ のフーリエ変換 $F_s(f)$ は,$F(f)$ と $I(f)$ のたたみ込み積分となり,式 (2-66) の関係より

$$\begin{aligned}
F_s(f) &= F(f) \otimes I(f) = \int_{-\infty}^{\infty} F(f-f') f_0 \sum_{k=-\infty}^{\infty} \delta(f'-kf_0)\, df' \\
&= f_0 \sum_{k=-\infty}^{\infty} \int_{-\infty}^{\infty} F(f-f') \delta(f'-kf_0)\, df' \\
&= \frac{1}{T} \sum_{k=-\infty}^{\infty} F(f-kf_0) \qquad (4\text{-}3)
\end{aligned}$$

となる.この周波数スペクトルは図 4-1(b) に示す通り,$F(f)/T$ をサンプリング周波数 f_0 の間隔で繰り返すものになる.

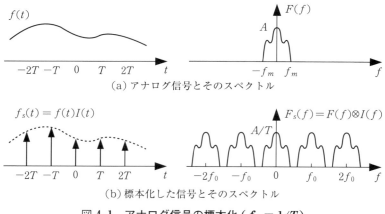

図 4-1　アナログ信号の標本化 ($f_0 = 1/T$)

いま図 4-2 の通り,この $f_s(t)$ をつぎの理想低域フィルタ

$$H(f) = \begin{cases} T, & |f| < f_0/2 \\ 0, & |f| \geqq f_0/2 \end{cases} \qquad (4\text{-}4)$$

に通し,$-f_0/2$ から $f_0/2$ までの周波数成分だけを取り出すと,$f_0 \geqq 2f_m$ であることから,

$$F(f) = F_s(f)H(f) \tag{4-5}$$

が得られる．すなわち，「**標本化信号 $f_s(t)$ から元の連続波形 $f(t)$ が完全に復元できる**」のである．もし，$f_0 < 2f_m$ のときは，$F_s(t)$ は図 **4-3** のようにスペクトルのすそで重なりが生じる．この現象を**エイリアシング**（aliasing）という．エイリアシングが生じてしまうと理想低域フィルタを通しても元の $f(t)$ が得られないことになる．いいかえると連続波形を復元できる限界の標本化間隔は $T_m = 1/(2f_m)$ となり，$2f_m$ を**ナイキスト速度**（Nyquist rate）という．

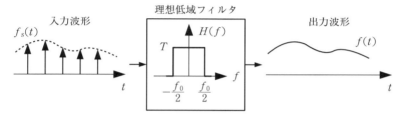

図 **4-2** 理想低域フィルタによる連続波形 $f(t)$ の復元

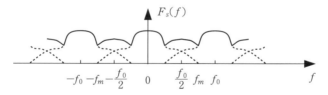

図 **4-3** $f_0 < 2f_m$ のときのエイリアシング現象

この標本化定理を時間領域で考えるとつぎのようになる．まず，式 (4-4) のインパルス応答は，

$$h(t) = \int_{-f_0/2}^{f_0/2} Te^{j2\pi ft}\, df = \mathrm{sinc}(\pi f_0 t) \tag{4-6}$$

となる（$\mathrm{sinc}(x)$ は式 (2-43) で定義）．$f_s(t)$ と $h(t)$ のたたみ込み積分より，$f_0 = 2f_m$ としたときを考えて

$$f(t) = f_s(t) \otimes h(t) = \sum_{k=-\infty}^{\infty} f(kT)\delta(t-kT) \otimes \text{sinc}(\pi f_0 t)$$

$$= \sum_{k=-\infty}^{\infty} f(kT) \int_{-\infty}^{\infty} \delta(\tau - kT)\text{sinc}[\pi f_0(t-\tau)]d\tau$$

$$= \sum_{k=-\infty}^{\infty} f(kT)\text{sinc}[2\pi f_m(t-kT)] \quad (4\text{-}7)$$

となる．式 (4-7) は標本化定理を示している．つまり，帯域制限された連続波形 $f(t)$ は，$T = 1/f_0 = 1/(2f_m)$ 秒ごとの標本値 $f(kT)$ で完全に決定されることを示している．式 (4-7) の右辺の各項は $(\sin x)/x$ の形を標本化間隔だけずらしたものであり，各標本時刻におけるその振幅は標本値と等しく，他の標本時刻では 0 となる．標本点の間の時刻では，各項の値が加え合わされ，その結果 $f(t)$ に等しくなる．図 4-4 はその様子を示している．

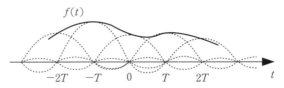

図 4-4　$f(t)$ が sinc 関数で復元されている様子

【例題 4.1】 ある信号のスペクトルは

$$F(f) = \begin{cases} 3, & -100\,[\text{Hz}] < f < 100\,[\text{Hz}] \\ 0, & f \leqq -100\,[\text{Hz}],\ f \geqq 100\,[\text{Hz}] \end{cases} \quad (4\text{-}8)$$

完全に元に戻すための，最低のサンプリング周波数はいくらか．

また，この信号を 150 [Hz] と 300 [Hz] で理想的にサンプリングしたあとに得られた信号のスペクトルを $-400\,[\text{Hz}] \leqq f \leqq 400\,[\text{Hz}]$ の範囲でスケッチせよ．

《解》　$f_m = 100\,[\text{Hz}]$ 以上の周波数成分を持たないため，最低のサンプリング周波数は $2f_m = 200\,[\text{Hz}]$ になる．

150 [Hz] と 300 [Hz] でサンプリングした場合のスペクトルをそれぞれ図 4-5 と図 4-6 に示す．

4.1 標本化定理

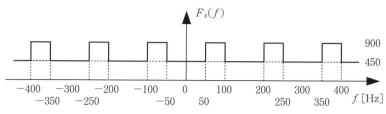

図 4-5　150 [Hz] でサンプリングした場合のスペクトル

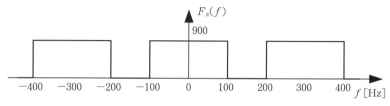

図 4-6　300 [Hz] でサンプリングした場合のスペクトル

* * * * *

4.1.2 現実的な標本化

これまでの議論は理想的な場合であり，以下の 3 点で現実とは異なる．

① インパルスによる標本化は不可能
② 通常の信号は時間制限信号であって無限の帯域を持っている
③ 理想低域フィルタは実現不能

①については，有限の幅のパルスで標本化すると信号がひずむが，パルス幅 T_p が十分小さければ，$Tp \ll 1/(2f_m)$，このひずみは無視できるほど小さくなる．②あらかじめ信号を低周波フィルタに通し，重要でない高域部分を遮断する．信号のひずみは生じるが帯域制限信号となる．③理想フィルタは実現できないため，標本化速度をナイキスト速度よりも速くして，図 4-7 のような**ガードバンド**（guard band）を設定し，スペクトルが重ならないようにする．こうするとフィルタの遮断特性が急峻でなくてもよく，ゆるやかな遮断特性のフィルタを使える．

電話回線を例にとると，音声帯域は $f_m = 3.4$ [kHz] に帯域制限されているから，そのナイキスト速度は $2f_m = 6.8$ [kHz] となるが，実際には

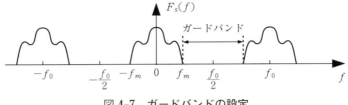

図 4-7　ガードバンドの設定

$f_0 = 8\,[\mathrm{kHz}]$ で標本化し，$f_0 - 2f_m = 1.2\,[\mathrm{kHz}]$ のガードバンドを設定している．

CD プレーヤーでは，再生の時，標本化周波数の数倍のパルスを線形補間などによって作り出し，あたかも標本化周波数が高くなったかのような状態を作り出してフィルタの簡単化を行っている．これをオーバーサンプリングと呼び，CD プレーヤーを安価にするのに役立ってきた．

4.2　パルス変調方式

前節の標本化定理により，帯域制限を受けたアナログ信号は，ナイキスト速度で標本化したディジタル信号と等価であることがわかった．通信においては，送信側ではその標本値のみを伝送すれば受信側で元のアナログ信号を復元できることになり，その標本値の表現方法に対応して各種のパルス通信方式を考えることができる．

パルス変調方式はおおむね二種類に大別できる．その一つは標本値に比例してパルスの振幅，位置，幅を変化させるものである．被変調パルスはアナログ量を保存しているため，**アナログ変調方式**（analog modulation schemes）に分類され，**パルス振幅変調**（Pulse Amplitude Modulation, PAM），**パルス位置変調**（Pulse Position Modulation, PPM），**パルス幅変調**（Pulse Width Modulation, PWM）などがこれに当たる．

もう一つの種類は，**ディジタル変調方式**（digital modulation schemes）であり，信号の標本値を 2 進符号に変換する**パルス符号変調**（Pulse Code Modulation, PCM）が代表的な方式である．

4.2.1 PAM

PAMでは，信号波形（帯域幅を f_m とする）を $T = 1/(2f_m)$ なるサンプリング周波数で標本化する．その標本値をパルスの振幅に変換し，送信する．

【例題 4.2】 図 4-8 のアナログ信号を PAM に変換せよ．

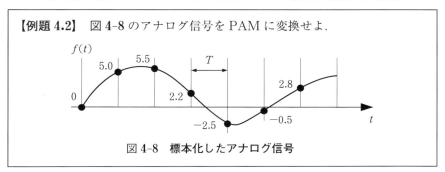

図 4-8　標本化したアナログ信号

《解》 PAM 信号を図 4-9 に示す．

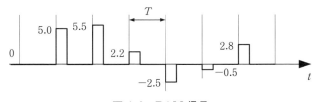

図 4-9　PAM 信号

* * * * *

PAMでは，アナログ量の標本値をそのまま伝送する．したがって，伝送中に雑音や歪が加わってその値が変わると，受信側でどのような方法を用いても元の標本値を再現できないという欠点がある．このことは PAM に限らず，PPM，PWM でも同じことが言える．すなわち，アナログ変調方式では回路構成などが簡単な反面，雑音やひずみに弱いという弱点がある．

4.2.2 PPM

PPM は標本値をパルスの開始位置に変換する方式である．ここでいう開始位置はサンプル時間の時点からのずれを意味する．サンプリング間隔が T，パルス幅が τ であれば，この開始位置 P が持てる値は $0 \leq P \leq T - \tau$ になる．前述の PAM と違い，表現できる標本値が限定される．

標本値をパルス開始位置に変換する方法は様々存在するが，一番簡単なのは比例させる方法である．図 **4-10** に示すように，表現する標本値 A の範囲を $A_{min} \leqq A \leqq A_{max}$ に決めれば，パルス開始位置は次式で与えられる．

$$P = \frac{T - \tau}{A_{max} - A_{min}}(A - A_{min}) \tag{4-9}$$

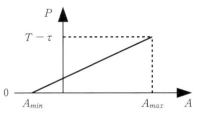

図 **4-10** 標本値 A とパルス開始位置 P の関係

【例題 4.3】 図 4-8 のアナログ信号を PPM に変換せよ．ただし，$T = 8\,[\mathrm{ms}]$，$\tau = 2\,[\mathrm{ms}]$，$A_{max} = 5.5$，$A_{min} = -2.5$ とする．

《解》 標本値とパルス開始位置の関係は，式 (4-9) から次式になる．

$$P = \frac{6}{8}(A + 2.5) = \frac{3}{4}(A + 2.5) \tag{4-10}$$

この式を使用しそれぞれの開始位置 P を計算すると下表の値になる．

$t\,[\mathrm{ms}]$	A	P
0	0	1.875
8	5.0	5.625
16	5.5	6
24	2.2	3.525
32	-2.5	0
40	-0.5	1.5
48	2.8	3.975

最後に PPM 信号を図示すると図 **4-11** のようになる．

4.2 パルス変調方式

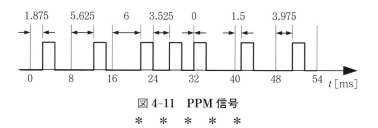

図 4-11　PPM 信号

* * * * *

4.2.3 PWM

PWM は標本値をパルスの幅に変換する方式である．パルスの幅 W の最大値はサンプリング間隔 T になるので，W の範囲は $0 \leqq W \leqq T$ になる．PPM と同様に表現できる標本値が限定される．

また PPM 同様標本値をパルス幅に変換する方法は様々存在するが，ここで比例させる方法を説明したい．図 4-12 に示すように，表現する標本値 A の範囲を $A_{min} \leqq A \leqq A_{max}$ に決めれば，パルス幅は次式で与えられる．

$$W = \frac{T}{A_{max} - A_{min}}(A - A_{min}) \tag{4-11}$$

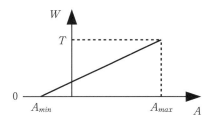

図 4-12　標本値 A とパルス幅 W の関係

【例題 4.4】　図 4-8 のアナログ信号を PWM に変換せよ．ただし，$T = 8\,[\mathrm{ms}]$，$A_{max} = 5.5$，$A_{min} = -2.5$ とする．

《解》　標本値とパルス幅の関係は，式（4-11）から次式になる．

$$W = \frac{8}{8}(A + 2.5) = A + 2.5 \tag{4-12}$$

この式を利用しそれぞれの開始位置 W を計算すると次表の値になる．

t [ms]	A	W
0	0	2.5
8	5.0	7.5
16	5.5	8
24	2.2	4.7
32	−2.5	0
40	−0.5	2
48	2.8	5.3

最後に PWM 信号を図示すると図 **4-13** のようになる.

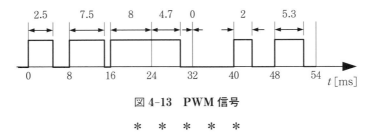

図 **4-13**　PWM 信号

* * * * *

4.2.4　PCM

PCM はディジタル変調を代表するものであるが,変調方式であると同時に,アナログ信号のディジタル信号への変換方式と見ることもできる.この原理を図 **4-14** に示す.

図 **4-14**　PCM の原理

まずアナログ信号が標本化される.この処理で得られる標本値を有限数のビットで表せるようにするため,**量子化**(quantization)の処理が必要である.量子化では標本値をいくつかの区分に分け,それぞれの区分を代表値(量子化レベルという)で表す.この代表値を 2 進数に変換する処理を符号化という.

PPM と PWM 同様,PCM では振幅の範囲を決める必要がある.ここで $A_{min} \leqq A \leqq A_{max}$ とする.また 1 サンプル当たりのビット数 n も決めなければならない.n ビットで表せる数字は 2^n 通りなので,$[A_{min}, A_{max}]$ の振幅範

囲に 2^n の**量子化レベル**（quantization level）を設定することになる．この設定方法は様々存在するが，ここで量子化レベルの間隔を一定にする方法をとると量子化レベルの間隔は

$$\frac{A_{max} - A_{min}}{2^n} \qquad (4\text{-}13)$$

になる．そして量子化レベルが区分の中間値になる．

【例題 4.5】 図 4-8 のアナログ信号を PCM に変換せよ．ただし，$n = 3$，$A_{max} = 5.5$，$A_{min} = -2.5$ とする．

《解》 式（4-13）より，量子化レベルの間隔は

$$\frac{5.5 - (-2.5)}{2^3} = 1 \qquad (4\text{-}14)$$

これを基に量子化レベルと符号を決めると下表のようになる．

振幅区分	量子化レベル	2進数符号
$[-2.5, -1.5)$	-2	000
$[-1.5, -0.5)$	-1	001
$[-0.5, 0.5)$	0	010
$[0.5, 1.5)$	1	011
$[1.5, 2.5)$	2	100
$[2.5, 3.5)$	3	101
$[3.5, 4.5)$	4	110
$[4.5, 5.5]$	5	111

上表を利用して標本値を 2 進数に変換すると下表の通りである．

t [ms]	A	量子化レベル	符号
0	0	0	010
8	5.0	5	111
16	5.5	5	111
24	2.2	2	100
32	-2.5	-2	000
40	-0.5	0	010
48	2.8	3	101

最後に PCM 信号を図示すると図 4-15 のようになる．

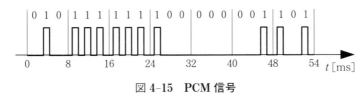

図 4-15　PCM 信号

* * * * *

PCM では送信信号の振幅値を量子化・符号化して，2 進数で表現している．「1」と「0」を PCM 信号パルスの「有」，「無」に対応させると，誤りが生じるのは，スレッシュホールドを超えるかなり大きな雑音が入った場合だけでありこの確率は十分小さくすることができる．つまり，PCM では雑音やひずみの影響を受けにくいという極めて大きな特長があり，高品質の信号伝送に適している．この特長ゆえに PCM がディジタル伝送における中心技術となっている．

逆に，PCM には二つの短所がある．第一に，PCM では標本値 A を何ビットかの離散的な値で量子化するため，必ず**量子化誤差**（quantization error）QE を生じる．量子化レベルが A_Q のとき，

$$QE = |A - A_Q| \tag{4-15}$$

で表現できる．n [bit] の PCM では量子化誤差の最大値は量子化レベル間隔の半分，つまり

$$QE_{max} = \frac{A_{max} - A_{min}}{2 \cdot 2^n} \tag{4-16}$$

である．したがって，例題の 3 [bit] の PCM なら，最大 $8/(2 \cdot 2^3) = 1/2$ の誤差を生じる可能性があり，この量子化誤差を避けることはできない．ただし，ビット数を増して 8 [bit] にすると $8/(2 \cdot 2^8) = 1/64$ となり，量子化誤差が極めて小さくなる．実用上は，量子化誤差が無視できる程度にビット数を増やすことによってこれを抑えている．

実際に使われている PCM 方式の例として，音声の応用例を**表 4-1** に示す．電話では話していることが理解できればいいので，低い伝送速度が採用されて

表 4-1 PCM の応用例(音声領域)

方式	伝送帯域	サンプリング周波数	符号ビット数	伝送速度
有線電話回線	3.4 [kHz]	8 [kHz]	8	64 [kb/s]
CD 録音	20 [kHz]	44.1 [kHz]	16	705.6 [kb/s]

いるが,CD では高音質が要求されるため伝送速度が高く設定されている.

もう一つの短所として,PCM では PAM,PPM,PWM に比べて帯域が広がることがあげられる.PAM では,標本値を表すパルスをナイキスト間隔(ナイキスト速度の逆数)で送出すればよいが,n [bit] の PCM では一つの標本値に対して n 個のパルスが必要であるため,パルス間隔は PAM の $1/n$ 倍となり,帯域は PAM に比べて n 倍に広がる.例えば 8 [bit] の PCM は一つの標本点を表現するのに 8 [bit] 必要であるから,PAM に比べて 8 倍の帯域が必要ということになる.すなわち,PCM は耐雑音性を高めるために符号化の段階で伝送帯域を広げるという犠牲を払っているのである.

PCM の優位性はつぎのような場合に顕著である.電波による長距離通信では,送信側と受信側の間に多数の中継器を置いて信号を増幅,再送出することを繰り返している.このとき,アナログ変調の場合には一度加わった雑音や歪みは決して取り除くことができず,増幅されてつぎの中継器へ送られる.その結果,受信側では中継器間で生じた歪みがすべて加わり,受信特性は急激に劣化する.したがって十分な受信特性を確保するには,中継器間に要求される耐雑音特性は極めて厳しいものにならざるをえなくなる.これに反し PCM 方式では,各送信で発生した雑音や歪みが許容範囲内であれば信号は正しく復元され,波形整形されてつぎの中継器へ再送出される.つまり雑音やひずみはつぎの送信へ運ばれることなく除去される.その意味で PCM 方式は信頼性の高い通信といえる.

演習問題

【4.1】 標本化するとき，$1/(2f_m)$ [s] より長い，あるいは短い間隔でサンプリングするとどうなるか．

【4.2】 周波数帯域が 30～50 [kHz] の信号を 55 [kHz] のサンプリング周波数で標本化した場合，標本化信号から元の信号を復元できるか．

【4.3】 次式の信号を標本化して元に戻せるための最小のサンプリング周波数はいくらか．

$$f(t) = \begin{cases} 1 & 0 \leq t \leq 1\,[\text{ms}] \\ 0 & t < 0, t > 1\,[\text{ms}] \end{cases}$$

【4.4】 $\cos(20\pi t)$ を標本化して元に戻せるための最小のサンプリング周波数はいくらか．15 [Hz] で標本化した場合，図 4-2 のように復元したときの信号はどうなるか．

【4.5】 ある信号のスペクトルが下図の通りである．この信号を (a) 15 [MHz] と (b) 30 [MHz] で標本化した場合のスペクトルをスケッチせよ．スケッチの範囲を $-60\,[\text{MHz}] \leq f \leq 60\,[\text{MHz}]$ にすること．

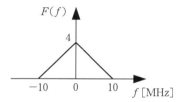

【4.6】 下図の信号をいくつかのパルス変調方式に変換せよ．サンプリング周波数を 200 [Hz]，信号の振幅の範囲を $[-1, 1]$ とする．標本化する期間は $0 \leq t \leq 30$ [ms] とする．

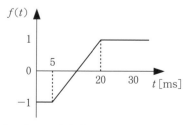

(a) パルス幅を 1 [ms] にしたときの PAM 波形を図示せよ．
(b) パルス幅を 1 [ms] にしたときの PPM 波形を図示せよ．
(c) PWM 波形を図示せよ．

(d) 信号を量子化して，3 [bit] に変換したときの PCM 波形を図示せよ．また各標本値の量子化誤差を求めよ．

【**4.7**】 あるアナログ信号を標本化すると PAM 波形が下図のようになった．この信号を 4 [bit] の PCM で伝送するときの PCM 波形はどうなるか．このときの標本値の量子化誤差の平均を求めよ．また，5 [bit] の PCM で伝送すると量子化誤差の平均はどうなるか．ただし，信号は 0〜18 の値をとるものとする．

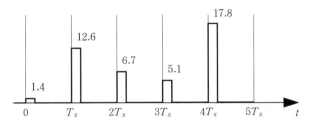

【**4.8**】 伝送速度が 100 [Mb/s] なる 8 [bit] の PCM がある．伝送する情報は毎秒何サンプルになるか．

【**4.9**】 白黒テレビの明るさは 7 [bit] で量子化すれば十分である．いま画面が 300 × 400 画素から成るものとすると，1 枚の白黒テレビ画像の情報量は何ビットになるか．また，1 秒間に 30 枚を PCM で送信する場合，1 ビットの最大のパルス幅はいくらか．

【**4.10**】 アナログ波形を PCM に変換してから送信するシステムを設計したい．信号のスペクトルを低域フィルタで 25 [kHz] に制限しているが，念のために 3 [kHz] のガードバンドを設けることにした．通信路の帯域幅が 64 [kHz] で，SN 比が 42 [dB] である．受信側でなるべく正確に元の信号に戻したい．各標本値を表すために最大何ビットが使えるか．

第5章　波形伝送理論

　本章では，まず送信されたアナログ波形がひずみなく受信されるための条件を明らかにすると同時に，通信理論において用いられる理想低域フィルタについて述べる．また帯域制限を受けた信号のインパルス応答は無限のすそひきを生じるので，受信側では当該パルスだけでなく隣接パルスから干渉を受ける．これは符号間干渉と呼ばれ，この影響を受けないための三つの基準がナイキストによって求められている．ここでは最も重要な第一基準を中心に述べる．

5.1　無ひずみ伝送

　アナログ信号を伝送することは，信号処理システム（フィルタ）に信号を加えることと同等である．信号 $f(t)$ をある線形システムに加えた場合について考える．線形システムのインパルス応答を $h(t)$，その周波数伝達関数を $H(f)$ とすると，出力 $r(t)$ は $f(t)$ と $h(t)$ のたたみ込み積分となり

$$r(t) = f(t) \otimes h(t) = \int_{-\infty}^{\infty} f(\tau) h(t-\tau) d\tau \tag{5-1}$$

で与えられる．その周波数スペクトル $R(f)$ は $r(t)$ のフーリエ変換で，$f(t)$ のフーリエ変換 $F(f)$ と $H(f)$ の積

$$R(f) = F(f) H(f) \tag{5-2}$$

となる．

　アナログ信号が何らひずみを受けずに出力になることを**無ひずみ伝送**（distortion-free transmission）と呼び，その条件は

$$r(t) = k f(t - t_0) \tag{5-3}$$

で定義される．ここに，k, t_0 は定数である．つまり，出力側には信号 $f(t)$ が

時間 t_0 だけ遅延して，大きさが k 倍になった相似形（無ひずみ）が現れるということである．この様子を図 5-1 に示す．

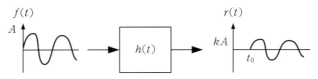

図 5-1　信号の無ひずみ伝送の様子

式 (5-3) の左右両辺をフーリエ変換すると，

$$R(f) = kF(f)e^{-j2\pi ft_0} \tag{5-4}$$

となる．式 (5-2) と式 (5-4) より

$$R(f) = F(f)H(f) = kF(f)e^{-j2\pi ft_0} \tag{5-5}$$

と書けるから，**無ひずみ条件**は $F(f)$ の占有帯域内において

$$H(f) = ke^{-j2\pi ft_0} \tag{5-6}$$

ということになり，線形システムが上式の関係を満たすときのみ，アナログ信号 $f(t)$ は無ひずみ伝送できることになる．

式 (5-6) の周波数伝達関数を振幅と位相に分けると

$$\begin{aligned}|H(f)| &= k \\ \theta(f) &= -j2\pi ft_0\end{aligned} \tag{5-7}$$

となり，振幅スペクトル $|H(f)|$ が $F(f)$ の占有帯域内において一定であるだけでなく，位相推移が周波数に比例せねばならない．式 (5-7) をグラフで表すと図 5-2 のようになる．

5.2 理想低域フィルタ

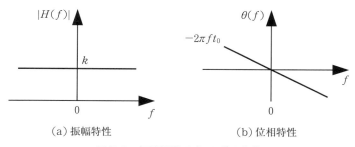

(a) 振幅特性　　　　　　(b) 位相特性

図 5-2　伝達関数の無ひずみ条件

【例題 5.1】 ある信号 $f(t)$ のスペクトル $F(f)$ は，$200\,[\text{kHz}] \leqq f \leqq 300\,[\text{kHz}]$ 内にのみ 0 でない値を持つ．この信号を下図 5-3 に示す周波数特性のシステムを通すとき無ひずみ伝送は可能か．

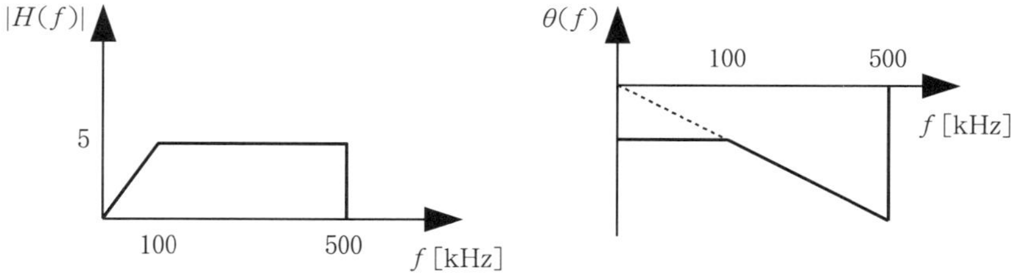

図 5-3　あるシステムの周波数特性

《解》$f(t)$ の占有帯域内 $200\,[\text{kHz}] \leqq f \leqq 300\,[\text{kHz}]$ において，式 (5-7) の条件を満たすので，無ひずみ伝送は可能である．

* * * * *

5.2 理想低域フィルタ

ある周波数 f_m 以上の周波数を全て遮断して出力に現れないようにし，f_m 以下の周波数成分をすべて無ひずみで通す理想的な低域フィルタを **理想低域フィルタ** (ideal low-pass filter) と呼ぶ．その伝達関数は

$$H(f) = \begin{cases} |H(f)|e^{j\theta(f)} = ke^{-j2\pi f t_0}, & |f| \leqq f_m \\ 0, & |f| > f_m \end{cases} \tag{5-8}$$

となり，その振幅特性と位相特性は図 5-4 のようになる．この理想低域フィルタのインパルス応答 $h(t)$ はフーリエ逆変換より

$$
\begin{aligned}
h(t) &= \int_{-\infty}^{\infty} H(f)e^{j2\pi ft}df = \int_{-\infty}^{\infty} ke^{-j2\pi ft_0}e^{j2\pi ft}df \\
&= \int_{-f_m}^{f_m} ke^{j2\pi f(t-t_0)}df = 2f_m k \frac{\sin[2\pi f_m(t-t_0)]}{2\pi f_m(t-t_0)} \\
&= 2f_m k \operatorname{sinc}[2\pi f_m(t-t_0)]
\end{aligned}
\tag{5-9}
$$

となる．ここに $\operatorname{sinc}(x)$ は式 (2-43) で定義した関数である．

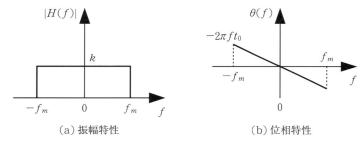

(a) 振幅特性　　(b) 位相特性

図 5-4　理想低域フィルタ

式 (5-9) を図示すると図 5-5 となる．このインパルス応答 $h(t)$ は $t<0$ の状態から現象が始まっている．インパルス応答 $h(t)$ は $\delta(t)$ が $t=0$ で加わったときの出力であるから，インパルス信号が加わる前に出力が現れるということは因果律に反する．したがって，理想低域フィルタは実現不可能なものであり，これは低域フィルタに限らず，帯域，高域フィルタであっても同じことが言える．

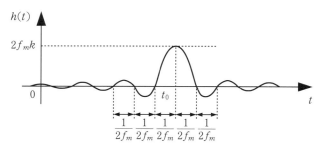

図 5-5　理想低域フィルタのインパルス応答, $h(t)$

しかしながら，図5-5や式（5-9）よりわかるように，インパルス応答は時刻 $t = t_0$ で最大値をとり，t_0 より離れるにしたがって振幅が小さくなるので，$t < 0$ での応答は小さなものとなる．通常は，理想低域フィルタに近い特性のフィルタで我慢する．もし，アナログ信号 $f(t)$ が f_m より高い周波数を含まないときは，この理想低域フィルタの通過帯域内の全ての周波数成分を，一様に時間 t_0 だけ遅延させることを除いては何ら変化を与えることなく通過させる．帯域外の全ての周波数を除去するので，$f(t)$ が f_m より高い周波数を含むときは信号ひずみを生じる．

5.3 符号間干渉（ISI）

いま矩形パルスを送信するものとすると，このパルスは広い周波数スペクトルをもっているので，伝送路の特性が極めて広い帯域にわたって理想的な場合に限り，受信側で元の矩形パルスが復元できる．しかしながら，実際の伝送路は広帯域でない場合も少なくない．また，周波数資源を有効に利用するには，可能な限り狭い帯域で伝送することが望ましい．

いま仮に，伝送路が低域通過フィルタの特性をもつ場合を考えると，伝送路で矩形波の高周波成分が除去されるため，受信波形のスペクトルは狭くなり，逆にパルス波形は広がる（図5-6参照）．その結果，隣接パルスのすそ引きが当該ビットに重なり合って加わることになり，これが当該ビットの受信判定に大きな妨害要因となる．これが**符号間干渉**（Inter-Symbol Interference, ISI）である．

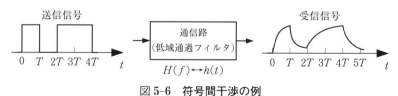

図5-6　符号間干渉の例

5.4 標本点におけるISIが0となるための条件

5.4.1 伝送系のモデル

ディジタル伝送において最も重要な要件の一つは，受信側での符号判定時に

符号間干渉 (ISI) が 0 となることである．全体の伝送システムは図 5-7 に示すモデルを用いて検討する．通信路の特性はユーザによって変更することができないため，通信路の前後にフィルタを導入し ISI を制御する．信号を送信すると，送信フィルタ $G_T(f)$，通信路 $C(f)$，受信フィルタ $G_R(f)$ の三つの部分を通ることとなる．問題は，伝送系において送信フィルタ，受信フィルタのそれぞれをどのように設定すればよいかということである．これを求める第 1 歩として，全体の総合周波数特性を $H(f)$ とし，この伝送系にインパルス信号 $\delta(t)$ を加えることを考える．

図 5-7 伝送系のモデル

全体の特性 $H(f)$ を求めたあと，$G_T(f)$ および $G_R(f)$ それぞれの割合いをどのように設定すればよいかという問題が残る．これは対雑音特性から求める必要があるので，一般的な解を示すことが難しい．一例を挙げると，$C(f) = 1$ なる理想的な条件のもとで，通信路上で発生する雑音が白色ガウス雑音であるとする．このときの最適値は

$$G_T(f) = G_R(f) = \sqrt{H(f)} \tag{5-10}$$

となる（証明略）．すなわち，送信フィルタと受信フィルタは同一のものとなり，それぞれが半分ずつ「波形整形」を受け持つこととなる．

5.4.2 ナイキストの第 1 基準

送信信号をインパルス信号 $\delta(t)$ としたとき，受信フィルタ出力は $h(t)$ となる．インパルス信号が時間 T ごとに送出されるとき，ISI がゼロとなるには，$h(t)$ が $t = 0$ で値を持ち，$t = \pm kT$ $(k = 1, 2, 3 \cdots)$ でゼロとなればよい．この条件を

5.4 標本点における ISI が 0 となるための条件

$$h(t) = \begin{cases} 1, & t = 0 \\ 0, & t = \pm kT, \ k = 1, 2, 3\cdots \end{cases} \quad (5\text{-}11)$$

で表現したものを**ナイキストの第 1 基準**（Nyquist's 1st Criterion）と呼ぶ．

図 5-8 に示す $\text{sinc}(x)$ 特性（理想低域フィルタ）はこのような条件を満足する．

$$\text{sinc}(\pi f_0 t) = \frac{\sin(\pi f_0 t)}{\pi f_0 t} = \begin{cases} 1, & t = 0 \\ 0, & t = \pm kT, \ T = 1/f_0 \end{cases} \quad (5\text{-}12)$$

この特性のとき，帯域幅 $f_0/2$（負の周波数成分は正の方に折り重なる）で，毎秒 f_0 個のインパルス信号を伝送できる．つまり，帯域幅 W を持つ通信路を通して ISI なしで送信できるパルス数は毎秒 $2W$ 個である．式 (3-34) の通信路容量とは別な意味を持つので混同しないように注意しなければならない．通信路容量は雑音に対する制限で，ここで述べるのは ISI に対する制限である．

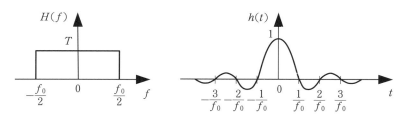

図 5-8 ナイキストの第 1 基準を満たす最小帯域スペクトルとインパルス応答

この伝送は伝送速度，伝送系の周波数特性，受信側での信号判定が完全であることが条件で，少しの狂いでも大きな ISI を生じる．それは $\text{sinc}(x)$ が $1/x$ に比例してゆっくりと減衰するからで，その解決法は $1/x$ より速く減衰させることであり，ナイキストは図 5-9 の例のように，最小帯域幅を少し広げる必要のあることを示した．

【例題 5.2】 $h(t) = \cos(\pi t)$, $T = 0.5$ はナイキストの第 1 基準を満たすか．

《解》 式 (5-11) の条件を確認する．$h(0) = 1$, $h(T) = 0$ は条件を満たすが，$h(2T) = -1$ は条件を満たさないので，ナイキストの第 1 基準を満たさない．

＊ ＊ ＊ ＊ ＊

5.4.3 伝送系の周波数特性に対するナイキストの第 1 基準

図 5-9 の例はどのような形を持つべきか．式 (5-11) を基に導出する．まず $h(t)$ にインパルス列を乗じて，T 秒ごとに標本化すると

$$h(t) \sum_{k=-\infty}^{\infty} \delta(t - kT) = \delta(t) \tag{5-13}$$

となる．両辺をフーリエ変換すると，まず左辺は式 (2-66) より

$$H(f) \otimes f_0 \sum_{k=-\infty}^{\infty} \delta(f - kf_0) = \int_{-\infty}^{\infty} H(f') f_0 \sum_{k=-\infty}^{\infty} \delta(f' - f + kf_0) df'$$
$$= f_0 \sum_{k=-\infty}^{\infty} H(f - kf_0) = \frac{1}{T} \sum_{k=-\infty}^{\infty} H(f - kf_0) \tag{5-14}$$

となり，また右辺のフーリエ変換は式 (2-57) ($t_0 = 0$) より 1 となる．したがって

$$\frac{1}{T} \sum_{k=-\infty}^{\infty} H(f - kf_0) = 1 \tag{5-15}$$

または

$$\sum_{k=-\infty}^{\infty} H(f - kf_0) = T \tag{5-16}$$

となる．

図 5-9 の特性をこの式に代入しプロットすると図 **5-10** のようになる．この例では，$H(f)$ のスペクトルが $-f_0$ から f_0 まで続くもので，f_0 ごとに繰り返すスペクトルの形が示される．繰り返されるものを足し合わせると定数 T となる．これがナイキストの第 1 基準を満足する周波数特性の条件である．

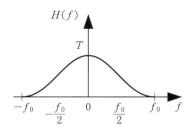

図 5-9　ナイキストの第 1 基準を満たす帯域幅を広げたパルスの特性

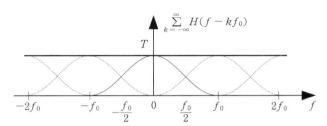

図 5-10　ナイキストの第 1 基準を満たす特性を式 (5-16) に代入した場合

【例題 5.3】 特性 $H(f) = 1 - |f|$ ($|f| \leqq 1$), $H(f) = 0$ ($|f| > 1$), $T = 1$ はナイキストの第 1 基準を満たすか.

《解》　式 (5-16) の条件を確認する．図 5-10 のように左辺を求めると同じように一定な値 ($T = 1$) になるので，ナイキストの第 1 基準を満たす．

＊　＊　＊　＊　＊

5.4.4　コサインロールオフ特性

ナイキストの第 1 基準を満足する特性は図 5-10 の例からみてもわかるように無数にある．その中で実用上最も重要なものは図 **5-11** に示す**コサインロールオフ** (cosine roll-off) 特性であり，これは

$$H(f) = \begin{cases} T, & |f| \leq (1-\alpha)f_0/2 \\ \dfrac{T}{2} - \dfrac{T}{2}\sin\left[\dfrac{\pi(|f| - f_0/2)}{\alpha f_0}\right], & (1-\alpha)f_0/2 < |f| \leq (1+\alpha)f_0/2 \\ 0, & |f| > (1+\alpha)f_0/2 \end{cases} \quad (5\text{-}17)$$

となり，そのインパルス応答は

$$h(t) = \mathrm{sinc}\left(\dfrac{\pi t}{T}\right)\dfrac{\cos(\pi \alpha t/T)}{1 - (2\alpha t/T)^2} \quad (5\text{-}18)$$

となる．ここで α は**ロールオフ率**（roll-off factor）と呼ばれ，$\alpha = 0$ で理想低域フィルタに一致する．$\alpha = 1$ の場合は**レイズドコサイン**（raised cosine）または**全余弦下向特性**（full cosine roll-off）とも呼び，帯域幅は2倍に広がるが，波形はすその減衰が急速であるという特長を有する．このとき，α が小さくなるにつれて，周波数利用効率は上がる（1チャネル当たりの帯域幅が狭くてすむ）半面図5-8に示すように標本点近傍の波形変動は大きくなり，タイミングズレを生じた場合の受信特性が大きく劣化する．また，α が小さいとき，位相特性を直線に保ったまま急峻な振幅遮断特性を実現することが難しい．そのため，通常 α の値は 0.3 から 1 の間に設定されることが多い．

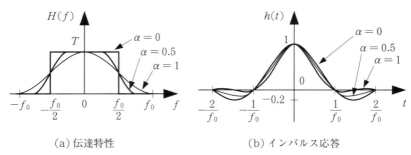

(a) 伝達特性　　　　　　　　(b) インパルス応答

図 5-11　コサインロールオフ特性

5.5　アイダイアグラム

都合のよいことに，ISI は**アイダイアグラム**（eye diagram）と呼ぶ方法でオシロスコープで観察できる．2値 PAM の受信フィルタ出力波形を代表的な三つの場合に分けて図示すると，図 5-12 のようになる．この波形をオシロ

5.5 アイダイアグラム

スコープの垂直入力とし，入力パルスのパルス間隔 T に同期させて掃引すると，図 5-12 の右端に示すように，1 信号区間 T 内に起こり得るすべての波形が重ね合って表示される．その中心部は人間の目に似ていることから**アイ**（eye）と呼ぶ．アイの上下方向の開きは，判定時における**雑音余裕度**（noise margin）を示し，左右は**タイミング余裕度**（timing margin）を示している．

図 5-12 からわかるように帯域制限がされた信号にひずみが生じ，サンプル時間においてアイの開きが狭くなっている．しかし，ナイキスト波形にするとサンプル時間におけるアイの開きは帯域制限のない場合と同じになるので ISI は 0 になる．

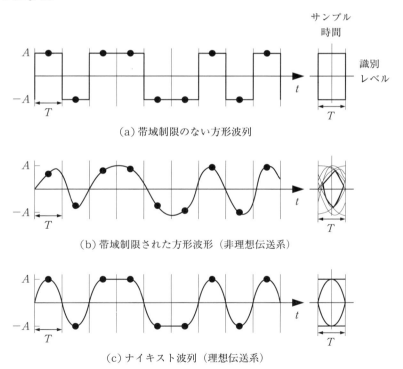

図 5-12　2 値 PAM 信号系列とアイダイアグラム
「●」はサンプル値．

演習問題

【5.1】 無ひずみ条件はつぎの式 (5-3) で定義されている.
$$r(t) = kf(t - t_0)$$
いま $t_0 = 0$ とすると
$$r(t) = kf(t)$$
となるから，出力には入力と同じものが遅延なく現れることになり，この方が定義としてより良いように見える．なぜこれを無ひずみ条件の定義としないのかについて考えよ．

【5.2】 ある伝送系の周波数特性は
$$H(f) = \cos(f) - j\sin(f)$$
である．無ひずみ伝送は可能か．

【5.3】 ある伝送系のインパルス応答は
$$h(t) = \frac{\sin(5\pi t)}{5\pi t}$$
である．ISI が 0 になる最小の値 T を求めよ．

【5.4】 帯域幅が 1000 [Hz] の通信路を通して，ISI を 0 のまま 1 秒間に送信できるパルスの最大数を求めよ．

【5.5】 伝送特性 $H(f)$ が次のようなガウス形の場合，そのインパルス応答 $h(t)$ もガウス形となる．このような伝送路で ISI を小さくするにはどうすればよいか．また ISI をゼロにできるか．
$$H(f) = \frac{\sqrt{\pi}}{a} e^{-(2\pi f)^2/(4a^2)}$$
$$h(t) = e^{-t^2/a^2}$$

【5.6】 下記の特性がナイキストの第 1 基準を満たすパルス間隔 T があるかどうか判断せよ．あれば T の値を求めよ．
 (a) $h(t) = \sin(2 \times 10^6 \pi t)$
 (b) $H(f) = \begin{cases} 5 \times 10^{-6}, & -100\,[\text{kHz}] < f \leqq 100\,[\text{kHz}] \\ 0, & \text{それ以外} \end{cases}$

【5.7】 $T = 1\,[\text{ms}]$ と $\alpha = 0.7$ の場合のコサインロールオフ特性について次の問に答えよ．

(a) 周波数特性とインパルス応答を求め，プロットせよ．
(b) ナイキストの第1基準（時間信号の基準とスペクトルの基準）の両方を満たすことを確認すること．

【5.8】 2値 $(1, -1)$ PAM 通信にコサインロールオフ波形を使うとする．コサインロールオフ波形が $p(t)$ とすると，振幅が1の場合 $p(t)$ を送信し，振幅が -1 の場合 $-p(t)$ を送信する．N ビットのデータを周期 T おきに送信したいので，$p(t)$，$-p(t)$ のどちらかを T 秒おきに送信することになる．全体の送信信号が次式となる．

$$s(t) = \sum_{k=0}^{N-1} d_k p(t - kT)$$

ここで，$d_k \in \{-1, 1\}$ は k 番目の振幅値である．
(a) $T = 1, \alpha = 0.5, d_k = \{-1, -1, 1, -1, -1, 1, 1, -1, 1, -1\}$ の場合の送信信号 $s(t)$ をプロットせよ．
(b) 上記の場合のアイダイアグラムをプロットせよ．
(c) アイダイアグラムからタイミング余裕度を求めよ．

第6章 ベースバンド伝送

> ディジタル通信はディジタル情報を伝送するものであるが，実際に情報を伝達するには何らかのパルス波形（アナログ波形）を使わねばならない．故にディジタル通信においてもアナログ波形の取扱いは極めて重要である．電線やケーブルに直接パルスを用いて通信を行う場合，これをベースバンド伝送という．この章では波形の問題を考慮に入れて，伝送符号方式や誤り率について考える．

6.1 ベースバンド伝送の基本

移動体通信や衛星通信に代表される無線通信では，情報を伝送するのに何らかの搬送波（電波，光）を使う必要性がある．このような搬送波を使う通信を**搬送帯域伝送**（carrier transmission）という．これに対して有線ケーブルを使ってパルス波形を伝送する場合には，必ずしも搬送波を使う必要はない．搬送波を使わない場合，信号パルスのスペクトルは搬送波に比べて低周波に分布する．このような伝送形態を**ベースバンド伝送**（baseband transmission）または**基底帯域伝送**という．

最も基本的なベースバンド伝送は，2進信号 (0, 1) をパルスの有無で表現し，伝送するものである．しかし，実際にパルスを伝送すべき通信路（有線ケーブル）は必ずしも理想的なものではないため，通信路の特性や送受信に都合のよい信号として伝送することが多い．ベースバンド伝送で情報を信号に変換する方式は**伝送符号**（line code）と呼び，以下のことを考慮して設計する必要がある．

① **伝送情報量**（amount of transmitted information） 単位時間当りに可能な限り多くの情報を伝送するには，伝送情報の冗長度を小さくし，できれば多値伝送が望ましい．いま多値数（レベル数）を m とすると，1

符号あたりの情報量は $I = \log_2 m$ [bit] になる．例えば，2進符号に対し，8進符号では3倍の情報量が送れる．

② **タイミング情報**（timing information）　受信側では受信波形からタイミングまたはクロック情報を抽出する．このようなタイミング情報検出では，ゼロ符号の連続によってタイミング情報を抽出できなくなることがあり，ゼロ符号の連続を避けることが必要となる．

③ **低域遮断の影響**（effect of low frequency suppression）　PCM基底帯域伝送方式では，再生中継器と線路の接続は交流結合されていて直流を通さない．したがって0付近の周波数の少ないスペクトルの伝送符号が望ましい．低周波成分に大きな電力があると，直流変動を生じる．

④ **所要帯域幅**（bandwidth usage）　有線ケーブルなどの低域ろ波型伝送路では，損失は周波数の平方根に比例して増大するため，高周波成分を抑圧した伝送符号が望ましい．

⑤ **誤り検出と訂正**（error detection and correction）　ディジタル伝送では，通信路の不完全性や雑音の影響で符号判定誤りが生じることがある．符号誤りの検出によって通信路の状態が監視でき，また，生じた誤りを訂正できることが好ましい．

⑥ **誤り率特性**（error rate performance）　ディジタル通信では，雑音が存在しても符号判定誤りが生じなければ通信の品質は低下しない．通常，誤り率は信号と雑音の電力比（SN比）に依存する．多値伝送は伝送情報量の面で有利であるが，レベル数の増加に逆比例してスレッショルド幅が減少し，雑音特性は急激に低下する．

⑦ **ジッタ**（jitter）　タイミング抽出回路では，雑音や信号振幅の変動によりタイミング情報にゆらぎが生じる．これを防ぐため，送信符号系列をランダム化することが望ましい．

6.2　伝送符号方式

ベースバンド伝送における伝送符号の決定は，通信システムの条件を勘案のうえでバランスをとることが要求される．前述の諸条件のうち，特に伝送情報

6.2 伝送符号方式

量，タイミング情報，低域遮断が重要で，これらを満足するために直流平衡符号，ゼロ連続抑圧符号などの利用が考えられる．しかし，実際の符号はいくつかの諸条件を満足するように符号構成が考えられている．以下，代表的な伝送符号について述べる．

6.2.1 単極符号，両極符号

単極符号（unipolar code）と**両極符号**（polar code）はパルス伝送の最も基本的な符号である．2進信号の「0」を0電位，「1」を正電位 A に対応させるものを**単極**，「0」と「1」を正電位 A と負電位 $-A$ に対応させるものを**両極**という．

また **RZ 符号**（return to zero code）はパルス幅が信号間隔より短く，必ず0レベルに戻るもので，**NRZ 符号**（non-return to zero code）はパルス

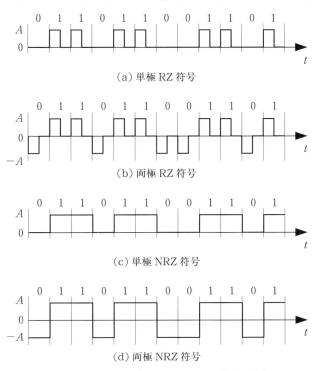

(a) 単極 RZ 符号

(b) 両極 RZ 符号

(c) 単極 NRZ 符号

(d) 両極 NRZ 符号

図 6-1　単極・両極／RZ・NRZ 符号の例

幅が信号区間と等しい符号を指す．これらの符号の例を図 6-1 に示す．

これらの符号列は低周波領域（直流を含む）に電力スペクトルが集中している．NRZ 符号は 1 または 0 の連続によりタイミング情報を失うため，実際にはあまり使われない．両極 RZ 符号は直流遮断の影響を受けにくく，同期はとりやすい．

6.2.2 バイポーラ符号

バイポーラ符号（bipolar code）は **AMI 符号**（Alternate Mark Inversion code）ともいう．「0」は 0 電位，「1」は正電位 A と負電位 $-A$ を交互にとる．

【例題 6.1】 送信データが (011011001101) で，バイポーラ符号を使用したときの波形を図示せよ．最初の「1」は正電位を使用すること．

《解》 波形を図 6-2 に示す．

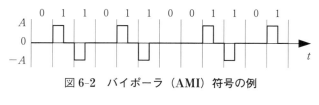

図 6-2　バイポーラ（AMI）符号の例

* * * * *

正と負のパルスが交互に現れるので直流分抑圧符号の最も代表的なものである．この符号は 3 値符号であるが伝送情報量は 2 値符号と同じであるため，**擬 3 進符号**（pseudo ternary code）と呼ばれる．バイポーラ符号は，冗長性を付加して直流分を抑圧したものと考えることができる．また，正電位と負電位が交互に送られる規則を利用して誤り検出ができるので，通信路の監視が行える．

6.2.3 変形バイポーラ符号

バイポーラ符号はゼロ連続によってタイミング情報を失うおそれがある．これを避けるため一定長のゼロ連続を特殊な符号パターンで置き換える．次にいくつかの代表的な符号を紹介する．

A. B*n*ZS 符号

B*n*ZS 符号(Binary *n* with Zero Substitution code)ではゼロ連続を *n* 未満に抑えるため,バイポーラ規則に反する符号パターンを置換する.この反則パルスがあるところは置換されたゼロ連続を示すので,受信側で基の情報に戻すことが可能になる.B6ZS の場合,表 6-1 の規則に従って置換する.

表 6-1 B6ZS 符号の変換法則

直前のパルス極性	置換パターン
+	0 + − 0 − +
−	0 − + 0 + −

【例題 6.2】 送信データが(1011000000101100000000001)で,B6ZS 符号を使用したときの波形を図示せよ.

《解》 波形を図 6-3 に示す.

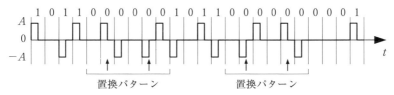

図 6-3 B6ZS 符号の例 矢印は反則パルスを示す.

*　*　*　*　*

B. HDB*n* 符号

HDB*n* 符号(High Density Bipolar *n* code)では,$(n+1)$ 個のゼロ連続を特殊パターンで置換する.B*n*ZS 同様,特殊パターンでバイポーラ規則を破るようになる.HDB3 の場合,表 6-2 の変換則を使用する.

表 6-2　HDB3 符号の変換法則

直前のパルス極性	置換パターン	
	先行置換以降のパルス数	
	奇数	偶数
＋	０００＋	－００－
－	０００－	＋００＋

【例題 6.3】　送信データが (1100000100001110000000001) で，HDB3 符号を使用したときの波形を図示せよ．

《解》　波形を図 6-4 に示す．

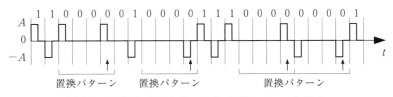

図 6-4　HDB3 符号の例　矢印は反則パルスを示す．

＊　＊　＊　＊　＊

6.2.4　$m\mathrm{B}n\mathrm{T}$ 符号

$m\mathrm{B}n\mathrm{T}$ 符号（m Binary on n Ternary code）は擬 3 進符号を拡張したもので，2 進符号 m ビットを 3 進符号 n ディジットのブロックに変換する．代表例として，**PST**（Pair Selected Ternary code）がある．これは 2B2T 符号に相当する．

PST の場合，表 6-3 の変換法則を使用する．2 進符号を 2 ビットずつまとめて 3 進符号 2 ディジットに置換する．規則性を持たせるためにモードを導入し，(0, 1) (1, 0) が生じるごとに正負モードが反転する．モードの初期値は任意である．またブロック符号であるためブロック同期が必要であるが，これは禁止パターン 00，＋＋，－－ が検出されると誤同期となることから，容易に同期がとれる．

6.2 伝送符号方式

表 6-3 PST 符号の変換法則

2進符号	PST 符号 正モード	PST 符号 負モード	モード反転
00	− +	− +	なし
01	0 +	0 −	あり
10	+ 0	− 0	あり
11	+ −	+ −	なし

【例題 6.4】 送信データが（10001011110）で，PST 符号を使用したときの波形を図示せよ．モードの初期値を「負」とすること．

《解》 波形を図 6-5 に示す．

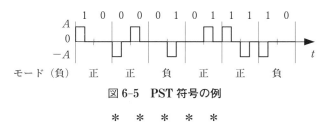

図 6-5 PST 符号の例

* * * * *

6.2.5 バイフェーズ符号

バイポーラ，BnZS，PST といった符号は擬 3 進符号を用いて冗長性を付加し，これによりタイミング抽出，直流分抑圧，ゼロ連続の抑圧を図っているが，電力スペクトルの大半は周波数 $1/T$ 以下に集中している．これに対し，2進信号は二つのレベルで表すが，帯域幅を増加させることによりタイミング情報を抽出しやすく，直流分を抑圧した符号が考えられる．この代表的な符号が**バイフェーズ符号**（bi-phase code）である．バイフェーズ符号の中でも次の3種類の符号がある．

①**マンチェスター符号**（Manchester code）では，「1」に対してある位相の矩形波 1 サイクルを，「0」に対しては逆相の 1 サイクルを割り当てる．

ゼロ連続は抑圧され直流も存在しない．

② **CMI 符号**（Coded Mark Inversion code）では，信号の区間 T を 2 分し，「1」に対し正正と負負を交互にとり，「0」に対しては負正を割り当てる．クロック周波数 $T/2$ のブロック符号と考えることができる．信号の半区間 $T/2$ で「0」と「1」が同レベルをとることから，マンチェスター符号に比して，符号誤り率は低下する．

③ **DMI 符号**（Differential Mode Inversion code）では，タイミング情報を抽出しやすくするためにビット信号の区間 T の終わりに必ず信号レベルが変化する．この変化を実現するために「1」が生起するたびにモードを反転させる．

マンチェスター，CMI，DMI 符号はともに伝送速度（クロック周波数）が原信号の 2 倍となるため，帯域制限のある伝送路への運用には限界があるが，直流成分およびゼロ連続の抑圧を達成するものである．バイフェーズ符号の変換法則は表 6-4 に示す．

表 6-4 バイフェーズ符号の変換法則

符号別	2 進符号	変換法則 A モード	変換法則 B モード	モード反転
マンチェスター	0 1	－ ＋ ＋ －		なし
CMI	0 1	－ ＋ ＋ ＋	－ ＋ － －	なし あり
DMI	0 1	－ ＋ ＋ ＋	＋ － － －	なし あり

【例題 6.5】 送信データが (011011101101) で，マンチェスター，CMI，DMI 符号を使用したときの波形を図示せよ．モードの初期値を「A」とすること．

《解》 波形を図 6-6 に示す．

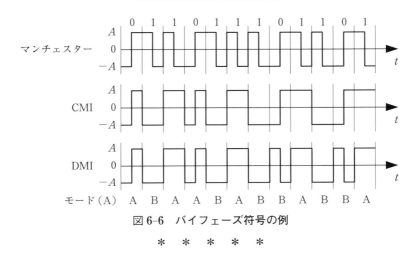

図 6-6 バイフェーズ符号の例

* * * * *

上記の例題の結果からわかる通り，DMI 符号と CMI 符号の違いは，DMI 符号の波形はビットの境目に必ず変化する．この性質がタイミング抽出に役立つ．

6.3 伝送符号のスペクトル

伝送符号のスペクトルを通信路に合わせる必要が出てくる．例えば低域遮断がある通信路の場合，直流成分を持たない伝送符号が適している．また通信路の帯域幅に収まるように伝送符号を選択する必要もある．

ここでいくつかの伝送符号のスペクトルを比較する．「0」と「1」を同確率で送信した場合，NRZ，マンチェスター，バイポーラ符号のスペクトルは次式で表す．

$$\text{NRZ}: S(f) = A^2 T \left[\frac{\sin(\pi f T)}{\pi f T} \right]^2 \quad (6\text{-}1)$$

$$\text{マンチェスター}: S(f) = A^2 T \left[\frac{\sin^2(\pi f T/2)}{\pi f T/2} \right]^2 \quad (6\text{-}2)$$

$$\text{バイポーラ}: S(f) = \frac{A^2 T}{4} \left[\frac{\sin(\pi f T/2)\sin(\pi f T)}{\pi f T/2} \right]^2 \quad (6\text{-}3)$$

これらのプロットを図 6-7 に示す．NRZ 符号のスペクトルは 0（直流成分）

を中心としたものに対して，マンチェスター符号やバイポーラ符号は直流成分を持たない．マンチェスター符号は，その代わり高周波の成分が NRZ 符号より多くなる．つまりタイミング情報の改善と直流成分の削除の代償は，使用帯域の増加である．

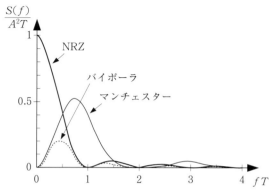

図 6-7　**NRZ，マンチェスター，バイポーラ符号のスペクトル**

NRZ，マンチェスター符号の送信電力はバイポーラ符号のそれより高いので，他局間干渉が高くなる．その理由とは，電線を通る信号が磁界を作り，その磁界が他の電線に誘導電流を起こすからである．例えば電話ケーブルやコンピュータのネットワークケーブルのように，一つのケーブルの中に複数の信号線が入っている場合，ある信号が他の信号へ影響を与えることが多い．この影響を減らすために，送信電力を抑えることが一つの解決方法である．

6.4　符号誤り率

単極符号のパルス伝送においては，受信側では受信パルスが尖頭値を示す時刻に受信信号を標本化し，**スレッショルド**（threshold）と比較して，パルスの有無を判定する．このとき，通信路で雑音が混入すると受信パルスの判定に誤りを生じることがある．雑音を平均値 0，分散 σ_n^2 のガウス雑音とするとき，受信信号には信号パルスの有無に依存して，図 6-8 に示すような二つの信号レベル分布 $p_0(x)$，$p_1(x)$ を生じる．ここに

6.4 符号誤り率

$$p_0(x) = \frac{1}{\sqrt{2\pi\sigma_n^2}} e^{-x^2/(2\sigma_n^2)} \tag{6-4}$$

$$p_1(x) = \frac{1}{\sqrt{2\pi\sigma_n^2}} e^{-(x-A)^2/(2\sigma_n^2)} \tag{6-5}$$

である．

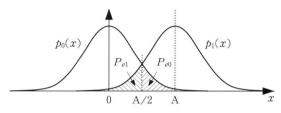

図 6-8　受信信号レベルの分布

「0」と「1」が等確率で発生する場合，判定スレッショルドを中間値の $A/2$ とすることが最適である．判定誤りは送信信号が「0」の時は受信信号が $A/2$ を超えたとき，および「1」の時は $A/2$ を超えないときに生じる．それぞれの確率を P_{e0} と P_{e1} で表すと，図6-8の斜線部分の面積になる．**符号誤り率**（probability of symbol error）はこれらの誤り率の平均になるので

$$P_e = \frac{1}{2}P_{e0} + \frac{1}{2}P_{e1} \tag{6-6}$$

となる．確率分布の面積を計算すると

$$\begin{aligned}
P_e &= \frac{1}{2}\int_{A/2}^{\infty} p_0(x)dx + \frac{1}{2}\int_{-\infty}^{A/2} p_1(x)dx \\
&= \frac{1}{2}\frac{1}{\sqrt{2\pi\sigma_n^2}}\left[\int_{A/2}^{\infty} e^{-x^2/(2\sigma_n^2)}dx + \int_{-\infty}^{A/2} e^{-(x-A)^2/(2\sigma_n^2)}dx\right] \\
&= \frac{1}{2}\left[1 - \mathrm{erf}\left(\frac{A}{2\sqrt{2\sigma_n^2}}\right)\right] = \frac{1}{2}\mathrm{erfc}\left(\frac{A}{2\sqrt{2\sigma_n^2}}\right) \tag{6-7}
\end{aligned}$$

となる．

両極符号の場合，電位が A と $-A$ であるため単極符号より電位差が2倍となる．誤り率を同じように求めると

$$P_e = \frac{1}{2}\mathrm{erfc}\left(\frac{A}{\sqrt{2\sigma_n^2}}\right) \tag{6-8}$$

になる.

また，バイポーラ符号の場合の誤り率も同様にして求めることができる．注意しなければならないのは「1」を送信するときの電位が A と $-A$ なので，受信信号レベルの分布が三つあることである．SN 比がある程度高いとき，誤り率は次式になる．

$$P_e = \frac{3}{4}\mathrm{erfc}\left(\frac{A}{2\sqrt{2\sigma_n^2}}\right) \tag{6-9}$$

符号誤り率を比較するために図 6-9 に計算結果の例を示す．誤り率をプロットするときは通常縦軸を対数にし，横軸を [dB] にする．ここで横軸は電圧の比なので [dB] の計算は $20\log_{10}(A/\sigma_n)$ になることに注意されたい．

単極符号とバイポーラ符号の符号誤り率の差は極めて小さい．なお，SN 比が 20 [dB] 程度で P_e はすでに 10^{-6} 以下となっているだけでなく，SN 比のわずかな増加に対して誤り率の減少は著しい．アナログ伝送では同程度の品質を保つには SN 比は 60 [dB] 以上必要であることを考慮すると，ディジタル伝送は高品質の伝送といえる．両極符号の場合，単極符号に比べて送信信号レベルの電位差が 2 倍のため，さらに約 6 [dB] の改善が得られる．

一般的な n 値信号の場合，符号誤り率は

$$P_e = \sum_{i=0}^{n-1} P_{ei} P_i \tag{6-10}$$

となる．ここに P_{ei} は記号 i を送信した符号誤り率，P_i は記号 i を送信する確率である．送信電位を $(0, A/(n-1), 2A/(n-1), \cdots, A)$ に設定し，同確率で送信した場合

$$P_e = \frac{n-1}{n}\mathrm{erfc}\left(\frac{A}{2(n-1)\sqrt{2\sigma_n^2}}\right) \tag{6-11}$$

となる．図 6-10 に示すように，n の増大と共に誤り率は急激に増加する．

6.4 符号誤り率

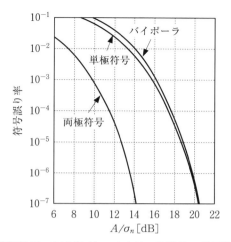

図 6-9 単極符号, 両極符号, バイポーラ符号の符号誤り率特性

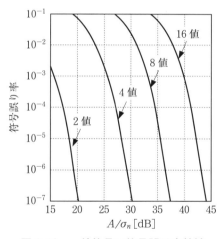

図 6-10 n 値符号の符号誤り率特性

演習問題

【**6.1**】 16 進符号, 64 進符号, 256 進符号では 2 進符号に比べて何倍の情報量を送れるか.

【**6.2**】 多値伝送では多値数を大きくすることによって伝達情報量を大きくできるが, 反面不都合も増大する. その不都合とは何か.

【6.3】 マンチェスターと DMI 符号の正しいタイミングがとりにくい場合はあるか．

【6.4】 低周波数成分に大きな電力（直流成分を含む）をもつ下図のような符号信号が低域遮断を受けるとどのようにひずむか．

【6.5】 送信情報 0, 1, 1, 0, 0, 0, 0, 0, 0, 0, 0, 1, 1, 1, 0, 1 を下記の伝送符号で送信した場合のベースバンド信号をスケッチせよ．PST の初期モードを「負」とし，CMI と DMI の初期モードを「A」とする．バイポーラ符号や変形バイポーラ符号の場合は最初のパルスの極性を「+」とする．
(a) B6ZS　(b) HDB3　(c) PST　(d) マンチェスター　(e) CMI
(f) DMI

【6.6】 伝送信号も信号スペースダイアグラムを用いて表現することができる．この場合，正弦波ではなく図 2-13 の直交信号を用いる．ただし，$\tau = T$ としたときの $x(t - T/2)$, $y(t - T/2)$ とする．送信情報の周期 T ごとに，送信波形が信号スペースダイアグラム上の 1 点に相当することになる．
(a) 一つの信号スペースダイアグラムに，単極 NRZ，両極 NRZ，単極 RZ，両極 RZ，バイポーラ，マンチェスター，CMI，DMI の信号点を図示せよ．
(b) 信号点同士の距離が離れているほど誤り率が小さくなる．上記の中で誤り率が一番小さい伝送符号はどれか．

【6.7】 下図のベースバンド信号はどのような符号なのか調べて，復号せよ．

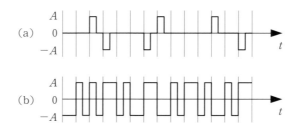

【6.8】 NRZ 信号の誤り率について
(a) 両極 NRZ 信号の誤り率の式 (6-8) を導出せよ．
(b) 単極 NRZ と両極 NRZ の平均送信電力を計算せよ．

(c) 単極 NRZ 信号と両極 NRZ 信号の誤り率をプロットせよ．横軸を SN 比（平均送信電力/σ^2）[dB] にし，縦軸を対数にすること．それぞれの平均送信電力が異なるので注意．

(d) 単極 NRZ の振幅 $A = 3$ [V] の時，両極 NRZ の振幅をいくらにすれば誤り率が同じになるか計算せよ．

【**6.9**】 バイポーラ符号の符号誤り率の式（6-9）を導出せよ．

【**6.10**】 一般的な n 値信号の符号誤り率が式（6-11）となることを示せ．

第7章　搬送波ディジタル通信

現代の通信技術の中核をなす移動体通信や衛星通信は，基本的に搬送波として電波を用いている．これをベースバンド伝送との対比から搬送波ディジタル通信，あるいはディジタル無線通信といい，各種の方式が考えられる．本章ではその代表的なものについて説明すると共に，誤り率の導出過程を示す．

7.1　ディジタル変調の基本

搬送波を使うディジタル通信は多種多様であるが，その基本はアナログの場合と同様，情報を正弦波に載せることである．この過程を**変調**（modulation）という．変調をする目的としては次のことが挙げられる．

① スペクトルの利用効率を上げる
　ベースバンド伝送の信号より狭いスペクトルを持つ信号が実現できる．
② 送信信号を通信路に合わせる
　送信信号のスペクトルを通信路の通過域に合わせることにより，信号のひずみを低減する．
③ 多元接続を実現する
　テレビや携帯電話のように多数のユーザが同じ通信路を使えるようにする．

式（2-1）で示した通り，正弦波には振幅，周波数，位相の三つのパラメータがある．情報を載せるところによって変調方式の名称が変わる．情報を振幅に載せると**振幅変調**（Amplitude Shift Keying, ASK），位相に載せると**位相変調**（Phase Shift Keying, PSK），周波数に載せると**周波数変調**（Frequency Shift Keying, FSK）という．またこれらの変調方式を組み合わせることも可能である．ASKとPSKを組み合わせた方式は**直交振幅**

変調(Quadrature Amplitude Modulation, QAM)と呼ぶ．この章ではこれらの方式を解説する．複数の搬送波を利用した方式では**直交周波数分割多重**(Orthoganol Frequency Division Multiplexing, OFDM)がある．OFDM方式は他の多重化方式と一緒に次章で解説する．

7.2 振幅変調(ASK)

A. 信号構成

ASKでは情報を振幅に載せるので，信号波形は次式で表すことができる．

$$s(t) = A \sum_{k=0}^{\infty} a_k g(t-kT) \cos(2\pi f_0 t) \tag{7-1}$$

ここで搬送波の振幅をA，周波数をf_0，式を簡単にするために位相を0とおく．データの周期をTとする．a_kは変調データ系列を示す変数である．$g(t)$は孤立パルス波形であり，次式で定義される．

$$g(t) = \begin{cases} 1, & 0 \leq t \leq T \\ 0, & t < 0,\ t > T \end{cases} \tag{7-2}$$

このパルスをプロットすると図**7-1**のようになる．

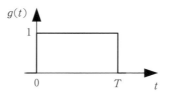

図**7-1** 孤立パルス波形

式(7-1)は無限和で難しそうに見えるが，この$g(t)$を使うことにより実は孤立した複数の変調信号をつなぎ合わせるものにすぎない．つまり，$0 \leq t \leq T$の区間にa_0を載せた信号になり，$T \leq t \leq 2T$の区間にa_1を載せた信号になるなど，データによって信号を作り出す．

ASK信号の例として，2値信号に対して$a_k \in \{0, 1\}$とするとき，これを特に**On-Off Keying** (**OOK**)と呼び，その被変調波形の例を図**7-2**に示す．つまり，OOKでは信号「1」，「0」によって搬送波をオン，オフしていること

7.2 振幅変調 (ASK)

になる．光の場合「−」の光は存在しないし，オン・オフ制御は簡単にできるので，光通信で OOK はよく使われる．

各信号区間 T において送信信号が 0 または $A\cos(2\pi f_0 t)$ になる．これを信号スペースダイアグラムで表すと図 **7-3** になる．これを見てわかる通り，信号点はすべて横軸上に位置する．ASK では情報を信号の振幅に載せるので当然の結果である．

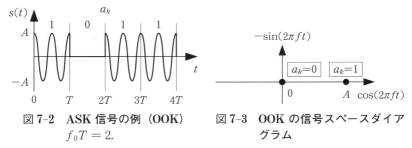

図 **7-2** **ASK 信号の例（OOK）** $f_0 T = 2.$

図 **7-3** **OOK の信号スペースダイアグラム**

各信号区間 T に 2 ビットずつ送信する方式は，4 種類の信号があることから 4-ASK と呼ぶ．例えば図 **7-5** のような信号点にすると，$a_k \in \{-1, -1/3, 1/3, 1\}$ になる．この信号点を使った 4-ASK 信号の例を図 **7-4** に示す．

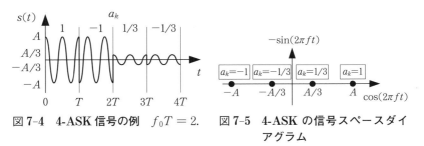

図 **7-4** **4-ASK 信号の例** $f_0 T = 2.$

図 **7-5** **4-ASK の信号スペースダイアグラム**

B. 変調・復調方式

ここで ASK の変調方式と復調方式について解説する．ASK 信号を作る方法は，振幅に情報を載せるので図 **7-6** に示す非常に簡単なものである．送るデータを NRZ 符号の波形に変換して搬送波と掛け合わせるだけで済む．図には OOK の送信信号を示すが，NRZ 符号の波形を多レベルにすれば 4-ASK 信号も同様に作ることができる．

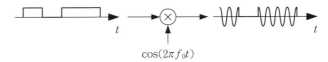

図 7-6　ASK の変調方法

変調された信号を復調する方法としては，**同期検波**（coherent detection）と**非同期検波**（noncoherent detection）がある．ここで「同期」というのは，搬送波の位相との同期のことである．つまり，受信信号の位相と搬送波の位相を比較して復調する方法である．同期検波は受信側で搬送波を再生する必要があることから，非同期検波より複雑な回路構成になる．その代わり誤り率特性が改善できる．まず非同期検波について説明する．同期検波は PSK 復調の説明の中で解説する．

ASK でよく利用される非同期検波復調方法を図 7-7 に示す．この復調方法は**包絡線検波**（envelope detection）という．通常は送信信号と雑音が受信されるが，わかりやすくするために雑音がないときの波形を示す．帯域通過フィルタは帯域外の雑音を除去する働きをする．ダイオードを通すことにより波形の正の部分のみが取り出せる．次に低域通過フィルタを通すと信号の包絡線が得られる．最後にデータを取り出すために標本化と判別をする．この復調方式では信号の振幅のみを取り出すので，搬送波の位相を必要としない．

包絡線検波の過程で信号の正の部分のみを取り出すため，負の振幅が含まれる変調方式の復調には使えない．0 と正の振幅のみを持つ OOK のような信号

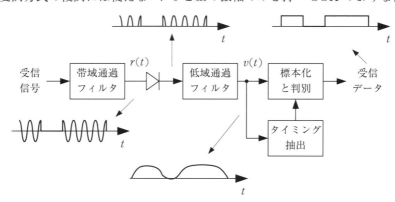

図 7-7　ASK の非同期検波復調方法：包絡線検波

7.2 振幅変調 (ASK)

の場合は包絡線検波で復調できるが，図 7-5 の 4-ASK のような信号は復調できない．負の信号と正の信号は同じ包絡線を持つので区別がつかないためである．

C. 誤り率

ここでガウス雑音が存在する加法性通信路を通って図 7-7 で受信したときの誤り率を導出する．雑音 $n(t)$ は搬送波と同相成分と直交成分から成り，帯域通過フィルタを通った雑音は式 (3-22) の狭帯域ガウス雑音

$$n(t) = n_c(t)\cos(2\pi f_0 t) - n_s(t)\sin(2\pi f_0 t) \tag{7-3}$$

$$r(t) = v(t)\cos[2\pi f_0 t + \theta(t)] \tag{7-4}$$

となる．当該ビットだけを考えて受信側でタイミングが正確であると仮定すると，受信波形は式 (3-25) のように書ける．ここで，信号「1」が送られたときは正弦波に狭帯域ガウス雑音が加わった場合に相当するから，受信波形の包絡線 $v(t)$ の確率密度関数 $p_1(v)$ は，式 (3-28) に示した仲上-Rice 分布となる．一方，信号「0」が送られたときの受信波形は狭帯域雑音のみとなり，その包絡線の確率密度関数 $p_0(v)$ は式 (3-10) に示したレイリー分布となる．

図 7-8 に確率密度関数 $p_1(v), p_0(v)$ を示す．「1」と「0」が等確率で生起するものとすると，判定するときに利用する最適スレッショルドは，この図から簡単に分るように $p_0(v)$ と $p_1(v)$ の曲線の交点である．誤りが生じるのは，「1」を送ったときに α_0 を超えない場合と，「0」を送ったときに α_0 を超える場合である．図中の斜線部分がこれらの確率 P_{e1}, P_{e0} に当る．したがって符号誤り率は，

$$\begin{aligned} P_e &= \frac{1}{2}\int_0^{\alpha_0} p_1(v)\,dv + \frac{1}{2}\int_{\alpha_0}^{\infty} p_0(v)\,dv \\ &= \frac{1}{2}\int_0^{\alpha_0} \frac{v}{\sigma_n^2}\exp\left(-\frac{v^2+A^2}{2\sigma_n^2}\right)I_0\left(\frac{Av}{\sigma_n^2}\right)dv + \frac{1}{2}\exp\left(-\frac{\alpha_0^2}{2\sigma_n^2}\right) \end{aligned} \tag{7-5}$$

となる．

SN 比 ρ をパラメータとして誤り率を求めると図 7-9 に示すようになる．た

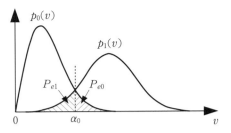

図 7-8　包絡線検波の確率密度関数

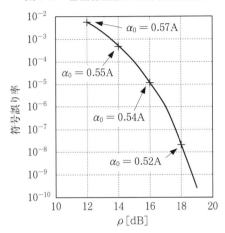

図 7-9　ASK を包絡線検波で復調する場合の符号誤り率特性

だし，SN 比 ρ は搬送波の平均電力 $A^2/2$ と平均雑音電力 σ^2 との比で，次式で定義される．

$$\rho = \frac{A^2}{2\sigma_n^2} \quad (7\text{-}6)$$

この図からわかる通り，最適スレッショルド α_0 は SN 比に依存する．受信側では SN 比がわからないのでスレッショルドの設定が問題となる．

7.3　位相変調（PSK）

7.3.1　2 相 PSK

一番簡単な PSK 方式は 2 相 PSK である．この方式は単に PSK と呼ばれたり，BPSK（Binary PSK）とも呼ばれる．位相は 2 種類しかないので，1 信

号区間ごとに 1 ビットを送信する方式になる．

A. 信号構成

BPSK の信号波形は，次のように書ける．

$$s(t) = A \sum_{k=0}^{\infty} g(t - kT) \cos(2\pi f_0 t + a_k \pi) \tag{7-7}$$

ここで $a_k \in \{0, 1\}$ は変調データの系列で，データによって位相は 0 か π になる．

図 **7-10** に波形の例を示す．この波形を見てわかる通り，情報が位相にあるのでデータに関係なく信号の包絡線が一定である．この性質を持つため，OOK のように包絡線検波は利用できない．

BPSK の信号スペースダイアグラムを図 **7-11** に示す．包絡線が一定という性質により，信号点が半径 A の円上に位置する．別の見方をすると，

$$\cos(2\pi f_0 t + \pi) = -\cos(2\pi f_0 t) \tag{7-8}$$

が成立することから，BPSK は $a_k \in \{-1, 1\}$ の ASK 信号とも解釈できる．

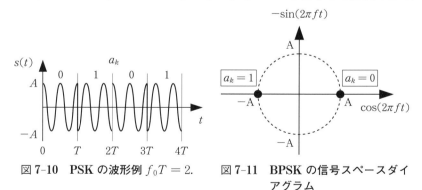

図 **7-10** PSK の波形例 $f_0 T = 2$.　　図 **7-11** BPSK の信号スペースダイアグラム

B. 変調・復調方式

BPSK は ASK と同等であることから変調方法は同じである．図 **7-12** に示す変調方法は図 7-6 のものとの違いは入力する NRZ 波形のみである．

復調方法としては，図 **7-13** に示す**同期検波**を利用する．図に示す波形は雑

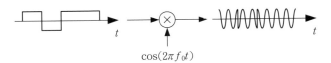

図 7-12　PSK の変調方法

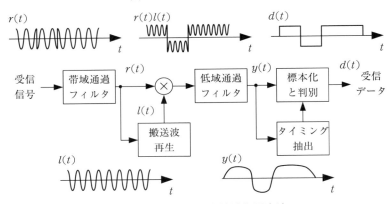

図 7-13　PSK の同期検波復調方法

音がないときのものになる．図 7-7 の非同期検波方法との違いは，搬送波再生の部分である．受信信号と搬送波の位相を比較することによって情報を取り出すので，受信信号から搬送波を再現する必要がある．この再生方法を説明する前に，位相が同期している前提で復調方法について説明する．

ある信号区間 T において雑音がない場合の受信信号は

$$r(t) = A\cos(2\pi f_0 t + \theta),\ \theta \in \{0, \pi\} \tag{7-9}$$

となる．再生した搬送波は

$$l(t) = \cos(2\pi f_0 t) \tag{7-10}$$

となるので

$$\begin{aligned} r(t)l(t) &= A\cos(2\pi f_0 t + \theta)\cos(2\pi f_0 t) \\ &= \frac{A}{2}\left[\cos(2\pi(2f_0)t + \theta) + \cos(\theta)\right] \end{aligned} \tag{7-11}$$

と書ける．この信号を低域通過フィルタを通すと理想的に $2f_0$ の高い周波数

7.3 位相変調（PSK）

成分がなくなり，

$$y(t) = \frac{A}{2}\cos(\theta) \tag{7-12}$$

だけが残る．つまり，位相が 0 のときは正の電位で，位相が π のときは負の電位になる．現実には図中に示すような丸めた波形になる．

位相の同期がとれていない場合，再生した搬送波は

$$l(t) = \cos(2\pi f_0 t + \phi) \tag{7-13}$$

と表せる．ここに ϕ は位相のずれを表す．このとき

$$\begin{aligned} r(t)l(t) &= A\cos(2\pi f_0 t + \theta)\cos(2\pi f_0 t + \phi) \\ &= \frac{A}{2}[\cos(2\pi(2f_0)t + \theta + \phi) + \cos(\theta - \phi)] \end{aligned} \tag{7-14}$$

と書けて

$$y(t) = \frac{A}{2}\cos(\theta - \phi) \tag{7-15}$$

となる．最悪の場合，$\theta - \phi = \pi/2$ になればデータに関係なく $y(t) = 0$ になってしまう．

次に搬送波の再生方法について説明する．同期検波では，受信側で同期信号となる搬送波と同じ周波数の局部搬送波を作り出す必要がある．発生法は種々あるが，例えば，図 7-14 の回路構成によって局部搬送波を作り出すことができる．まず受信信号を二乗することによって，位相の変化がない周波数 $2f_0$ の波形を作る．その後周波数を半分にし，必要な搬送波を発生させる．最後に受信信号と位相を同期させるための位相同期ループ（PLL）を通す．同期検波ではこの搬送波を作り出すため，回路全体がより複雑になり消費電力も上がる反面，誤り率特性がかなり改善できる．

図 7-14　局部搬送波の発生法

C. 誤り率

加法性ガウス雑音が存在するとき，受信信号は送信信号 $s(t)$ と雑音 $n(t)$ の和で，次のように書ける．

$$r(t) = s(t) + n(t)$$
$$= A\sum_{k=0}^{\infty} g(t-kT)\cos(2\pi f_0 t + a_k\pi) + n_c(t)\cos(2\pi f_0 t) - n_s(t)\sin(2\pi f_0 t)$$
$$= \left[A\sum_{k=0}^{\infty} g(t-kT)\cos(a_k\pi) + n_c(t)\right]\cos(2\pi f_0 t) - n_s(t)\sin(2\pi f_0 t)$$
(7-16)

図 7-13 のように同期検波を利用して復調する方法について考えよう．局部搬送波 $\cos(2\pi f_0 t)$ を掛け合わせると，当該ビットにおける出力は

$$r(t)l(t)$$
$$= \{[A\cos(a_k\pi) + n_c(t)]\cos(2\pi f_0 t) - n_s(t)\sin(2\pi f_0 t)\}\cos(2\pi f_0 t)$$
$$= \frac{1}{2}[A\cos(a_k\pi) + n_c(t)] + \frac{1}{2}[A\cos(a_k\pi) + n_c(t)]\cos(2\pi(2f_0)t)$$
$$- \frac{1}{2}n_s(t)\sin(2\pi(2f_0)t) \quad (7\text{-}17)$$

となる．これを低域フィルタに通せば高調波成分が除去され，係数 1/2 を省略して考えると

$$y(t) = A\cos(a_k\pi) + n_c(t), \quad a_k \in \{0, 1\} \tag{7-18}$$

が復調信号となる．すなわち，BPSK では，$a_k = 1$，$a_k = 0$ に対応してパルス振幅が $-A$，A となる．

図 7-15 に示すように，同期検波後の出力の確率密度関数は，$a_k = 1$ の場合，平均値が $-A$ のガウス分布に，$a_k = 0$ の場合，平均値 A のガウス分布になる．$p_1(x)$ と $p_0(x)$ は共にガウス分布であるから，その確率密度関数は左右対称となり，「1」と「0」が等確率 1/2 で生起するものとすると，判定スレッショルドは 0 とすればよいことになる．結局出力が正か負のどちらかであるかという極性の判定になる．

この場合，符号誤り率 P_e は，式 (6-6)，(6-7) 同様

7.3 位相変調（PSK）

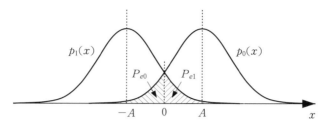

図 7-15　BPSK の同期検波の確率密度関数

$$
\begin{aligned}
P_e &= \frac{1}{2}\int_0^\infty p_1(x)\,dx + \frac{1}{2}\int_{-\infty}^0 p_0(x)\,dx \\
&= \frac{1}{2}\int_0^\infty \frac{1}{\sqrt{2\pi\sigma_n^2}} e^{-(x+A)^2/(2\sigma_n^2)}\,dx + \frac{1}{2}\int_{-\infty}^0 \frac{1}{\sqrt{2\pi\sigma_n^2}} e^{-(x-A)^2/(2\sigma_n^2)}\,dx \\
&= \frac{1}{2}\mathrm{erfc}\left(\frac{A}{\sqrt{2\sigma_n^2}}\right) = \frac{1}{2}\mathrm{erfc}(\sqrt{\rho}) \tag{7-19}
\end{aligned}
$$

となる．

7.3.2　4相PSK（QPSK）

位相の種類を増やすことにより，各信号区間に複数ビットが送信できるようになる．その利点として送信速度が上がる．まずは同時 2 ビットが送信できる 4 相 PSK について説明する．4 相 PSK は一般的に **QPSK**（Quadrature Phase Shift Keying）と呼ぶ．

A. 信号構成

QPSK の信号波形は次のように書ける．

$$
s(t) = A\sum_{k=0}^{\infty} g(t-kT)\cos(2\pi f_0 t + a_k\pi/2) \tag{7-20}
$$

ここで変調データ $a_k \in \{0,1,2,3\}$ のため，位相が 0，$\pi/2$，π，$3\pi/4$ の値を持つ．QPSK はこの四つの位相を利用し，信号区間 T あたり 2 ビットを送信する．これは BPSK に比べて 2 倍のデータ量である．QPSK 信号波形の例を図 **7**-**16** に示す．

式(7-20)で定義する QPSK の信号スペースダイアグラムを図 **7**-**17** に示す．

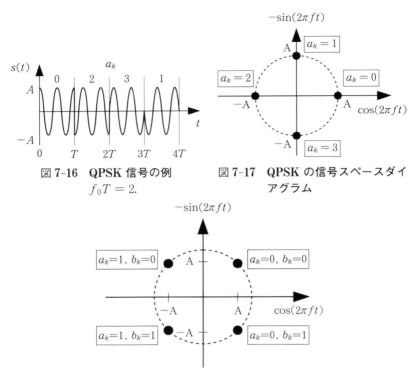

図 7-16 QPSK 信号の例 $f_0 T = 2$.

図 7-17 QPSK の信号スペースダイアグラム

図 7-18 直交する BPSK と見たときの QPSK 信号スペースダイアグラム

横軸と縦軸を別々にとると，cos の BPSK 信号と $-\sin$ の BPSK 信号を合成した信号と解釈できる．数式で表すと

$$s(t) = A \sum_{k=0}^{\infty} g(t-kT)[\cos(2\pi f_0 t + a_k \pi) - \sin(2\pi f_0 t + b_k \pi)] \quad (7\text{-}21)$$

送信データ $a_k, b_k \in \{0, 1\}$ となる．このように表すと信号スペースダイアグラムが図 7-18 に変化する．つまり位相が $\pi/4$ 変化し，振幅が $\sqrt{2}$ 倍大きくなる．

B. 変調・復調方法

QPSK を二つの BPSK 信号の合成であると考えると，変調が簡単に行える．その方法を図 7-19 に示す．データは周期 T で入力するが，このデータを周期 $2T$ の二つの系列に分ける．片方を cos の BPSK 信号にし，もう片方を $-\sin$

7.3 位相変調（PSK）

のBPSK信号にする．これらのBPSK信号を合成するとQPSK信号になる．

データを分ける際にa_kとb_kの間にT秒のずれが生じる．b_kの最初のデータがないため，初期値として0とする．またこのずれの結果，a_kとb_kのデータは同時に変化しないことがわかる．つまりQPSK信号の位相変化を見たとき，πの変化は存在しない．

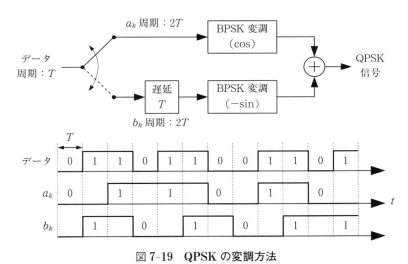

図7-19　QPSKの変調方法

QPSKを復調するための同期検波方法を図7-20に示す．$\cos$と$-\sin$の直交性を利用してそれぞれのBPSK信号を別々に復調できる．この直交性のために，QPSKの送受信機はBPSKのとそれほど変わらないのに2倍の情報が送信できる，効率のよい変調方式である．

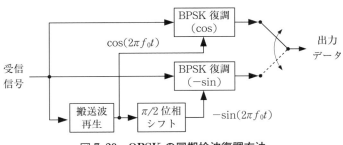

図7-20　QPSKの同期検波復調方法

C. 誤り率

前述の通り，QPSK は直交する二つの BPSK 信号の合成と見なせることから，誤り率はほぼ同等である．ただし，QPSK が2倍の情報を送る関係で，比較するときに注意が必要である．ここでは詳細を省略するが，1 ビット当たりの SN 比が同じであるとき誤り率はほぼ同じになる．

7.3.3 $\pi/4$ シフト QPSK

携帯電話は電池で動くため，電池の寿命は重要な要素となる．変調方式を考える上でもこのことは重要であり，北米や日本の第2世代携帯電話の規格もこのことが考慮され，$\pi/4$ シフト QPSK が採用された．

携帯電話で最も電力消費が大きい部分は，変調波を電波として空間に放出する前段の電力増幅の部分である．増幅器の飽和領域まで使えば電力効率がよいのであるが，非線形増幅となるため，変調波の包絡線が大きく変動すると，周波数スペクトルの拡大や信号ひずみが大きくなってしまう．非線形増幅を行う場合は，定包絡線の変調が理想的であるが，この場合は占有周波数帯域幅が大きくなってしまう．

図 7-21 に $\pi/4$ シフト QPSK の信号スペースダイアグラムを示す．$\pi/4$ シフト QPSK は，見かけ上8相 PSK のように見えるが，1信号区間 T では4点のみを使っている．すなわち，QPSK と同じであるが，T ごとに位相が $\pi/4$ ずれた搬送波を使っている．図 7-21 にある破線はこの搬送波の転換，つまり位相の変化を示す．これを見てわかる通り位相の変化は $\pm\pi/4, 3\pi/4$ になり，

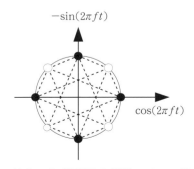

図 7-21　$\pi/4$ シフト QPSK の信号スペースダイアグラム

通常の QPSK のような π の大きな変化はない．これによって，非線形増幅を行っても，通常の QPSK ほどのひずみやスペクトルの拡大は起こらない．

7.3.4 多相 PSK

位相の種類を増やすと一般的に M 相 PSK と呼ばれる．送信できるビット数は $\log_2 M$ になる．

A. 信号構成

M 相 PSK の信号波形は

$$s(t) = A \sum_{k=0}^{\infty} g(t-kT)\cos(2\pi f_0 t + 2a_k\pi/M), \quad a_k \in \{0, 1, \cdots, M-1\}$$
(7-22)

と書ける．この式から位相の間隔が $2\pi/M$ になることがわかる．これを信号スペースダイアグラムで表すと，信号点が全て円上に位置する．$M=8$ の場合の例を図 **7-22** に示す．

8相あるので1信号区間 T ごとに3ビットを送信することになる．ビット割り当ての例は図中の信号点の横に書いてある．これらのビット列を見ると a_k と必ずしも一致しない．例えば $a_k=3$ の場合，3を2進数にして 011 を割り当てれば自然である．そうしない理由はビット誤り率を下げるためである．復調するとき，判定誤りの多くは隣の記号になる．記号で見ると一つの誤りになるが，ビットで見ると最大3ビットの誤りが在り得る．隣同士の記号に割り当てるビット列を見ると1ビットの違いしかないので1記号の誤りは1ビットの誤りしか生じないことになる．この割り当て方を**グレイコード**（Gray Code）と呼ぶ．

B. 誤り率

ここで8相 PSK の場合を例にとって考える．図 **7-23** に $a_k=0$ が送信されたものと仮定する（どの位相を考えても一般性は失われない）．受信信号が斜線部分に入るときは $a_k=0$ と判定されるから，式 (3-30) に与えられている正弦波と狭帯域雑音の合成波の位相の確率密度関数 $p(\theta)$ を用いて，誤り率を

次式で求める.

$$P_e = 1 - \int_{-\pi/8}^{\pi/8} p(\theta) d\theta \tag{7-23}$$

一般的に M 相 PSK なら式（7-23）中の 8 を M とすればよいことになる.

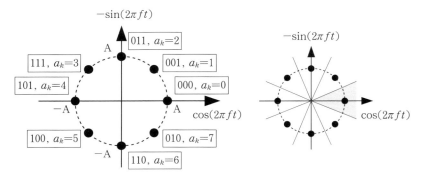

図 7-22　8 相 PSK の信号スペースダイアグラムとグレイコードの割り当て

図 7-23　8 相 PSK で 000 を送信した場合の誤り率を求めるための判定領域

式（7-23）を解析的に求めるのは難しく，数値計算によらなければならない．SN 比 ρ および M が十分に大きいところでは，

$$P_e = \mathrm{erfc}\left[\sqrt{\rho}\sin\left(\frac{\pi}{M}\right)\right] \tag{7-24}$$

の近似が成立する（証明略）．

7.3.5　DPSK

ASK では，包絡線検波に際してスレッショルドを最適に選ぶ必要がある．また PSK では正確な局部搬送波を用意しなければならない．ところが無線通信路では，フェージングの影響を受けることが多く，このとき振幅や位相がランダムに変動する．たとえ自動利得制御回路などを使っても，スレッショルドを最適に設定したり，正確な局部搬送波を作り出すことは難しく，受信特性は急激に劣化する．これを避けるためにはフェージングの影響の少ない方式が望ましく，その一つに **DPSK**（**差動 PSK**，Differential PSK）がある．

DPSKでは，受信側で同期用の局部搬送波を作り出す代わりに，直前の信号区間の信号で局部搬送波を代用する．この復調方法を**遅延検波**（Delay Detection）という．位相差で復調するため，情報は直前の信号区間の信号との位相差の形で送信される．信号波形はBPSKと同じで，位相と情報の対応が異なるだけである．

情報を位相差で送信するので，あらかじめ**差動符号化**（Differential Coding）という処理を行う必要がある．表7-1に差動符号化の例を示す．送信情報を差動符号化するために直前の情報と比較する．直前の情報と同じ場合は信号の位相を0にし，異なる場合はπにする．最初の情報の比較相手がないので0とする．

表7-1 DPSKの差動符号化

送信情報（任意の初期値）	1	1	0	1	0	0	1	1	1
差動符号化された情報	(0)	1	0	0	1	1	1	0	1	0
対応する位相		π	0	0	π	π	π	0	π	0

図7-24にDPSKの遅延検波回路を示す．DPSKでは雑音が存在するだけでなく，局部搬送波に相当する直前の信号そのものが雑音の影響を受けているため，誤り率特性はBPSKよりも劣る．誤り率は次のようになる（導出略）．

$$P_e = \frac{1}{2}e^{-\rho} \tag{7-25}$$

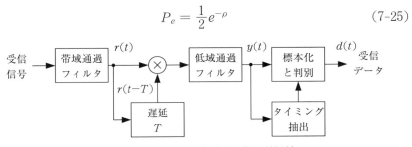

図7-24 DPSKの受信方法（遅延検波）

7.4 周波数変調（FSK）

FSKでは情報を送信するために異なる周波数を利用する．フェージングの影響を受けにくい方式として，FSKがある．本節では2周波FSKについて説

明するが，一般には M 個の周波数を用いた多周波 FSK もある．

A. 信号構成

2 周波 FSK は，「0」と「1」に対して周波数 f_0, f_1 を割り当てる．信号区間 T における送信波形は

$$s(t) = \begin{cases} s_0(t) = A\cos(2\pi f_0 t), & \text{データが「0」のとき} \\ s_1(t) = A\cos(2\pi f_1 t), & \text{データが「1」のとき} \end{cases} \quad (7\text{-}26)$$

と書くことができる．ここで $f_0 < f_1$ とする．図 **7-25** に信号の例を示す．

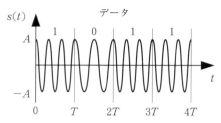

図 **7-25** **FSK 信号の例**. $f_0 T = 2$, $f_1 T = 3$.

ASK や PSK と違って今まで利用していた信号スペースダイアグラムは，単一周波数を想定しているので FSK の信号を信号点で表すことができない．

B. 変調・復調方法

図 **7-26** によく使われる FSK の変調方法を示す．電圧制御発振器という回路は，入力電圧によって出力する周波数が変化するものである．NRZ 波形をこの回路に入力すると，データが「1」のときに高い周波数，データが「0」のときに低い周波数が出力される．この回路の利点は，波形が連続的に変化するため電力スペクトルは狭く，かつ集中していることである．

検波方式としては多種のものが考えられるが，ここでは図 **7-27** の非同期検波について考える．二つの帯域通過フィルタが用意されているとすると $s_0(t)$ が送信されたときに $r_0(t)$ のほうが大きくなり，$s_1(t)$ が送信されたときに $r_1(t)$ のほうが大きくなる．

7.4 周波数変調 (FSK)

図 7-26　FSK の変調方法（電圧制御発振器）

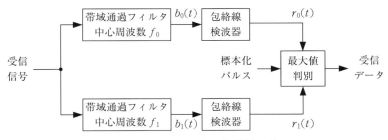

図 7-27　FSK の非同期検波方法

C. 誤り率

図 7-27 の非同期検波回路を使用すると，送信されたデータが「0」か「1」の判定は包絡線の標本値のどちらが大きいかによって判定される．加法性ガウス雑音が存在する場合を考える．二つの帯域フィルタの中心周波数が異なるから，それぞれのフィルタ出力の雑音成分 $n_0(t)$ と $n_1(t)$ は互いに統計的に独立である．

いま f_0 が送られたものとすると，包絡線検波器の出力 $r_0(t)$ は正弦波に狭帯域ガウス雑音が加わったものの包絡線であるから，その確率密度関数 $p_0(x)$ は式 (3-28) の仲上-Rice 分布となる．出力 $r_1(t)$ は狭帯域ガウス雑音の包絡線であるから，その確率密度関数 $p_1(x)$ は式 (3-10) のレイリー分布となる．誤りが生じるのは，$r_0(t)$ よりも $r_1(t)$ が大きい場合であり，誤り率は次式で与えられる．

$$P_e = \int_{x_0=0}^{\infty} p_0(x_0) \left[\int_{x_1=x_0}^{\infty} p_1(x_1) dx_1 \right] dx_0 \tag{7-27}$$

ここで内側の積分は周波数 f_0 が送られたときの出力 $r_0(t)$ が x_0 であるときに，出力 $r_1(t)$ がそれよりも大きくなる確率を示している．この積分を計算すると，

となるから

$$P_e = \int_0^\infty \frac{x_0}{\sigma_n^2} I_0\left(\frac{Ax_0}{\sigma_n^2}\right) e^{-(x_0^2+A^2)/(2\sigma_n^2)} e^{-x_0^2/(2\sigma_n^2)} \, dx_0$$

$$= \int_0^\infty \frac{x_0}{\sigma_n^2} I_0\left(\frac{Ax_0}{\sigma_n^2}\right) e^{-A^2/(2\sigma_n^2)} e^{-x_0^2/\sigma_n^2} \, dx_0 \qquad (7\text{-}29)$$

となる．$y = x_0\sqrt{2/\sigma_n^2}$ とおくと，

$$P_e = \frac{1}{2} e^{-\rho} \int_0^\infty y I_0(y\sqrt{\rho}) e^{-y^2/2} \, dy \qquad (7\text{-}30)$$

と書ける．さらに，この積分を実行すると

$$\int_0^\infty y I_0(y\sqrt{\rho}) e^{-y^2/2} \, dy = e^{\rho/2} \qquad (7\text{-}31)$$

になることから

$$P_e = \frac{1}{2} e^{-\rho/2} \qquad (7\text{-}32)$$

となる．

7.5 変調方式の性能比較

PSK と FSK の誤り率と SN 比 ρ との関係を図 **7-28** に示す．これよりわかるように，FSK の同期検波は非同期検波よりも特性は良くなるが，同期用局部搬送波が再生できるなら，むしろ単一周波数の PSK の方が特性が良いので，実際に同期 FSK が使われることはない．非同期 FSK の変復調回路が簡単なので，それほど高い性能が要求されない応用に用いられる．また DPSK は非同期検波を使用する方式の割には，性能は PSK より少し劣り，FSK より優れている．

（式番号 (7-28): $\int_{x_1=x_0}^\infty p_1(x_1)\,dx_1 = e^{-x_0^2/(2\sigma_n^2)}$）

7.6 直交振幅変調 (QAM)

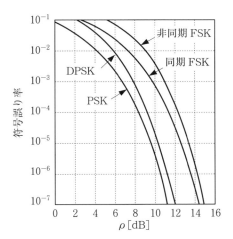

図 7-28 PSK, DPSK, FSK の誤り率比較

7.6 直交振幅変調 (QAM)

周波数利用効率を高める変調方式として,直交振幅変調 (QAM) 方式がある.この方式は,cos 波と sin 波が直交していることを用いて,それぞれの波に別々の情報を ASK 変調して合成する方式である.cos 波と sin 波は同一周波数であるので,ASK と同じ占有周波数帯域幅で 2 倍の情報を送ることが可能である.

A. 信号構成

cos 波と sin 波が n-ASK のとき,合成した信号は $n \times n$ 点の QAM 方式になる.送信する情報が I_k, Q_k とすると,$n \times n$-QAM 方式の送信波形は次式で表される.

$$s(t) = A \sum_{k=0}^{\infty} [I_k g(t-kT)\cos(2\pi f_0 t) - Q_k g(t-kT)\sin(2\pi f_0 t)],$$
$$I_k, Q_k \in \left\{ \pm 1, \pm \frac{n-3}{n-1}, \pm \frac{n-5}{n-1}, \cdots, \pm \frac{1}{n-1} \right\} \tag{7-33}$$

$n = 4$ のときの QAM 方式は 16-QAM となり,その信号スペースダイアグラムを図 7-29 に示す.I は同相成分 $\cos(2\pi ft)$ を表し,Q は直交成分

$-\sin(2\pi ft)$ を表す．信号点は正方形の形になる．16-QAM では 1 信号区間当たり 4 ビットを送信する．M 相 PSK で説明したように，ビット誤り率を下げるために各シンボルに割り当てるビットをグレイコードで決める．図 7-29 を見ると，縦横のシンボル間ではビット列が 1 ビットだけ異なるように割り当てていることがわかる．

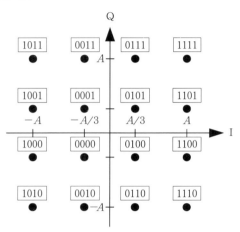

図 7-29　16-QAM の信号スペースダイアグラムとグレイコードの割り当て

n を大きくすると 1 信号区間に送信できるビット数が増える．図 7-30 に 64-QAM（$n = 8$）と 256-QAM（$n = 16$）の信号スペースダイアグラムを示す．縦横の最大座標が A のままなので，信号点が増えると信号点の間隔が小さくなる．送信できるビット数が増えるが，誤り率が悪くなることになる．

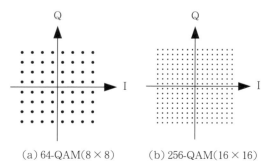

図 7-30　64-QAM，256-QAM の信号スペースダイアグラム

B. 変調・復調方法

QAM を変調するには，二つの ASK 変調回路を組み合わせる方法が一般的である．その例として図 7-31 に 16-QAM の変調過程を示す．送信する 4 ビットのデータを 2 ビットずつに分けて 4 値の信号に変換する．その後，それぞれの 4 値信号を変調するが，一方は同相成分で他方は直交成分になる．最後にこれらを加算すれば QAM 信号になる．

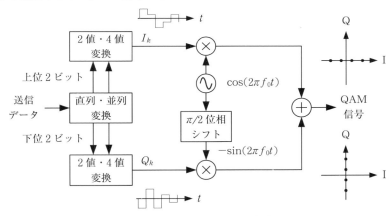

図 7-31　16-QAM の変調方法

QAM を復調するために同相成分と直交成分をそれぞれ同期検波すればよい．この過程を図 7-32 に示す．二つの同期検波回路からなる構成になっていて，上部が同相成分で下部が直交成分を復調する役割を担う．最後にそれぞれの復調結果を合成すれば受信データが得られる．

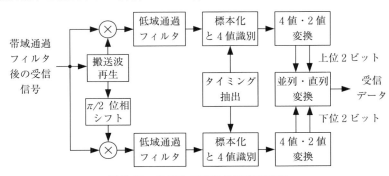

図 7-32　QAM の同期検波復調方法

C. 誤り率

同期検波を利用するため，QAM の誤り率の導出は PSK の場合とほぼ同じになる．加法性ガウス雑音が存在するとき受信信号は $r(t) = s(t) + n(t)$ となり次式で表す．

$$r(t) = A \sum_{k=0}^{\infty} [I_k g(t-kT) \cos(2\pi f_0 t) - Q_k g(t-kT) \sin(2\pi f_0 t)]$$
$$+ n_c(t) \cos(2\pi f_0 t) - n_s(t) \sin(2\pi f_0 t) \quad (7\text{-}34)$$

ここで k 番目の信号区間と同相成分に着目する．局部搬送波 $\cos(2\pi f_0 t)$ を掛け合わせると，次式の信号が得られる．

$$r(t)\cos(2\pi f_0 t) = AI_k \cos^2(2\pi f_0 t) - AQ_k \sin(2\pi f_0 t)\cos(2\pi f_0 t)$$
$$+ n_c(t)\cos^2(2\pi f_0 t) - n_s(t)\sin(2\pi f_0 t)\cos(2\pi f_0 t)$$
$$= [AI_k + n_c(t)]\frac{1+\cos(4\pi f_0 t)}{2}$$
$$- [AQ_k + n_s(t)]\frac{\sin(4\pi f_0 t)}{2} \quad (7\text{-}35)$$

この信号を低域通過フィルタに通すと，高い周波数成分である $\cos(4\pi f_0 t)$ と $\sin(4\pi f_0 t)$ が取り除かれ，次式の信号のみになる．

$$\frac{AI_k + n_c(t)}{2} \quad (7\text{-}36)$$

n-値 PAM や ASK 信号と同様の判定によって I_k を検出できる．Q_k の検出は同様に $r(t)\sin(2\pi f_0 t)$ から可能である．

$n \times n$-QAM の符号誤り率は，同相・直交成分の ASK 方式の誤り率とほぼ同一であり，A^2/σ_n^2 が十分大きい場合

$$P_e = \frac{n-1}{n}\text{erfc}\left(\frac{1}{n-1}\sqrt{\frac{A^2}{2\sigma_n^2}}\right) \quad (7\text{-}37)$$

となる．ここで，σ_n^2 は雑音の電力で，識別レベルが隣接信号点間の中央に設定されている．

また，他の変調方式と公平に比較するために，同じ SN 比を用いる必要がある．QAM の信号は全て同じ電力を持たないので，平均電力 S を使って比

7.6 直交振幅変調（QAM）

較する．S は次のように求める．n-値信号のとりうる振幅値は $\pm A$, $\pm(n-3)A/(n-1)$, $\pm(n-5)A/(n-1)$, $\cdots$, $\pm A/(n-1)$ となり，これらのレベルの生起確率がすべて等しいとすれば，搬送波の平均電力 S は，

$$S = \frac{2A^2}{n}\left[1 + \left(\frac{n-3}{n-1}\right)^2 + \left(\frac{n-5}{n-1}\right)^2 + \cdots + \left(\frac{1}{n-1}\right)^2\right] = \frac{A^2(n+1)}{3(n-1)} \tag{7-38}$$

となる．したがって，平均搬送波電力対雑音電力比を $\rho_s = S/\sigma_n^2$ と置くと，式 (7-37) は

$$P_e = \frac{n-1}{n}\mathrm{erfc}\left(\sqrt{\frac{3\rho_s}{2(n^2-1)}}\right) \tag{7-39}$$

となる．

QAM と PSK の誤り率比較を図 **7-33** に示す．横軸が ρ_s になっているが，PSK の場合 $\rho = \rho_s$ になる．同じ送信ビット数を持つ 16-QAM と 16-PSK を比較すると，QAM の方が優れていることがわかる．16-PSK の信号点が円上に限定されているため，QAM ほど信号点間距離がとれないことに起因する．

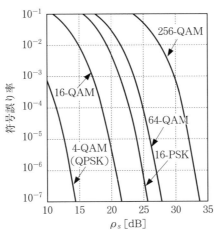

図 **7-33** **QAM と PSK の誤り率比較**

演習問題

【7.1】 $s(t) = \sum_{k=0}^{2} a_k g(t-kT) \cos(2\pi f_0 t)$, $T = 1\,[\mu s]$, $f_0 = 2\,[\text{MHz}]$ の ASK 信号について次の設問に解答せよ.
  (a) $a_0 = 1$, $a_1 = 2$, $a_2 = -1$ の時の波形を図示せよ.
  (b) 包絡線検波で復調した場合, LPF の出力を図示せよ. 出力は LPF の特性に依存するので大体の波形でよい.

【7.2】 ASK の非同期(包絡線)検波について次の設問に解答せよ.
  (a) $A = 1$, $\sigma^2 = 0.34$ のときの確率分布 $p_0(v)$ と $p_1(v)$ をプロットし, 判定スレッショルドを求めよ.
  (b) $A = 4.36$, $\sigma_n^2 = 0.3$ のときの符号誤り率を図 7-9 から求めよ.

【7.3】 振幅が $\{-3, -1, 0, 2\}$ の 4 値 ASK 信号について次の設問に解答せよ.
  (a) 信号スペースダイアグラムを図示せよ. 各信号点にグレイコードを割り当てること.
  (b) 入力データが (01100011) のときの送信信号を図示せよ. $f_0 = 6\,[\text{kHz}]$, $T = 0.5\,[\text{ms}]$ とする.
  (c) (b) で図示した信号を包絡線検波で復調したときの大体の LPF 出力信号をスケッチせよ. 元のデータを取り出すことは可能か. 理由も説明せよ.
  (d) 各信号が同確率で使用され, 加法性ガウス雑音が存在し, 同期検波する場合の符号誤り率を求めよ. erfc 関数で表すこと. 信号点間隔が同じでないことに注意.

【7.4】 $s_k(t) = \cos(2\pi f_0 t + 3a_k\pi/4)$, $a_k \in \{-1, 1\}$ で定義される 2 相 PSK 信号がある.
  (a) 信号スペースダイアグラムを図示せよ.
  (b) 判定に使うスレッショルドをスペースダイアグラムに示せ.
  (c) 受信点 $(-0.3, -0.2)$ をスペースダイアグラムに示せ. 判定結果は何か.

【7.5】 図 7-14 の回路に, $\cos(2\pi f_0 t)$, または $-\cos(2\pi f_0 t)$ のいずれが入力となっても, 局部搬送波 $\cos 2\pi f_0 t$ が得られることを示せ.

【7.6】 ある通信路を測定したところ, 雑音が加法性白色ガウス雑音で $\sigma^2 = 0.03$ であることがわかった.
  (a) BPSK を使用した場合のビット誤り率をプロットせよ. プロットは両対数にすること. 横軸を振幅 A にし, 縦軸の範囲を $10^{-5} \leqq P_e \leqq 0.1$ にすること.
  (b) ビット誤り率が 10^{-4} 以下になるように信号の最低振幅を求めよ.

【7.7】 中心周波数 8 [GHz], 伝送レート 16 [Mbit/s] の 2 相 PSK システムがあ

7.6 直交振幅変調 (QAM)

る.
(a) 1 タイムスロット (1 [bit]) の長さは何秒か.
(b) 1 タイムスロットは搬送波の何波長に相当するか.
(c) 同じ中心周波数の電波を使い同じ伝送レートのとき, 4 相 PSK, 8 相 PSK では, 1 タイムスロットは搬送波の何波長に相当するか.

【7.8】 QPSK について次の設問に解答せよ. 入力データが (1, 1, 0, 0, 0, 1, 1, 1), $f_0 = 1$ [MHz], $T = 2$ [μs] とする.
(a) 図 7-17 では入力データを 2 ビットずつまとめてシンボルを作る. 各ビット周期 T に送信されるデータと信号の位相を明記し, QPSK 信号を図示せよ. ビットと記号の対応は $00 \to a_k = 0$, $01 \to a_k = 1$, $10 \to a_k = 2$, $11 \to a_k = 3$ とすること.
(b) 図 7-18 では T 秒毎に送信信号が変化する. 各ビット周期 T に送信されるデータと信号の位相を明記し, QPSK 信号を図示せよ. 初期値として, $0 \leq t \leq T$ の間, $b_i = 0$ とすること.
(c) これらの信号を比較してどのように違うか説明せよ.
(d) 図 7-18 の信号を使えば誤り検出ができる. 具体例を示して誤り検出方法を説明せよ.

【7.9】 $M = 8, 16, 32, 64$ のときの M-PSK の符号誤り率を同じグラフにプロットせよ. グラフは両対数にし, 縦軸の範囲を $10^{-5} \leq P \leq 0.01$ にすること. 公平な比較にするために, 横軸を 1 ビット当たりの SN 比 $\rho/\log_2(M)$ [dB] にすること.

【7.10】 DPSK と BPSK の誤り率を同じグラフにプロットせよ. 誤り率 P_e の範囲を $10^{-5} \leq P_e \leq 10^{-2}$ にし, 横軸を $\rho = A^2/(2\sigma^2)$ [dB] にすること. 誤り率が 10^{-4} のとき, DPSK の誤り率を BPSK の誤り率と同じにするために, DPSK 信号の振幅を BPSK の振幅の何倍にすればよいか.

【7.11】 情報系列 1010101111010100 を図 7-29 の 16-QAM 変調方式で送信したときの信号を図示せよ. $A = 2$, $f_0 = 500$ [kHz], $T = 8$ [μs] とする.

【7.12】 25-PSK (振幅 = 4) の送信電力と 25-QAM の平均送信電力が等しくなる 25-QAM の振幅値 A を求めよ. また, このとき 25-QAM と 25-PSK の信号点間隔はそれぞれいくらか. 同じ送信電力のときの誤り率を比較したらどちらが低いか.

【7.13】 64-PSK (振幅 = 1) と 64-QAM の誤り率が $P_e = 10^{-4}$ のとき, 等しくなる 64-QAM の振幅値 A を求めよ. また 64-QAM を利用すると, 電力はどれくらい節約できるか.

【7.14】 送信データが 01011 で, $A = 1$, $f_0 = 2\,[\text{GHz}]$, $f_1 = 3\,[\text{GHz}]$, $T = 0.5\,[\text{ns}]$ のときの FSK 信号を図示せよ.

【7.15】 FSK 変調を使った通信システムにおいて, 通信路を測定したら雑音の分散が $\sigma_n^2 = 0.0051$ だとわかった. このとき非同期検波の誤り率を 2×10^{-5} にしたい. FSK 信号の振幅をいくらにすればよいか求めよ.

第8章　多元接続方式

通信路の制限から共有が要求されることが多々ある．複数の利用者が一つの通信路を共有することを多元接続という．本章では，多元接続を実現する方法について説明する．

8.1　多元接続の概要

通信路の制限がいくつかある．有線の場合には，端末同士を直接つなぐとき端末数が増えるにつれて配線が非常に煩雑になる．無線の場合には，使用できる周波数帯が法律で決まっていて，その制限の中でやりくりをせざるを得ない．どちらの場合もなるべく多くのユーザを収容できるようにしたいことから，多元接続が利用される．

有線通信の代表的な例はコンピュータネットワークである．何億台ものコンピュータや機器を効率よく接続するために，ハブやルータという集約機器を利用して多元接続を実現している．端末は送信するデータをパケットと呼ばれる単位に区切って，**時分割多元接続**（Time Division Multiple Access, TDMA）方式でネットワーク回線を共有している．

無線通信の代表的な例は携帯電話である．携帯電話は，今や誰も持っていると言っても過言ではない，個人の持ち物の定番品となっている．また，電話という本来の目的から離れて，デスクトップPCと同程度の機能を備えるスマートフォンも重要な役目を果たすようになっている．各自が持っている携帯端末は，災害時等の特別な場合を除いて，何時でも通信可能である．このように沢山の携帯端末が同時に通信するためには，多元接続技術が不可欠である．

携帯電話の発展の歴史も，限られた周波数帯の中でより多くのユーザを収容するために検討された，多元接続技術の発展の歴史と捉えることも可能である．1980年代の第1世代携帯電話は，アナログのFMを用い，各ユーザが

使う周波数範囲を重なることなく配置した**周波数分割多元接続**（Frequency Division Multiple Access, FDMA）方式であった．1990年代の第2世代携帯電話は，ディジタル化によって同一周波数の電波を時間的に分割して，複数人で交互に使うTDMA方式が採用されている．また，変調方式としては，北米および日本では$\pi/4$シフトQPSKが採用されている．第3世代携帯電話は，2001年11月より世界に先駆けて日本でサービスが開始された方式である．この携帯電話の規格は，固定電話と同程度の通話品質，世界標準型，秘匿性が高い，などを特徴として生まれたIMT-2000という規格に基づいている．この規格も細かく見ると様々な方式が含まれているが，ここでは代表的な**拡散符号分割多元接続**（Code Division Multiple Access, CDMA）方式について概説する．同一の周波数帯，時間を符号で分割して複数人でアクセスする方式となっている．

図8-1に，これらの多元接続方式で使われる時間，周波数帯の関係を示す．スペクトルが存在している部分がその周波数帯が使われていることを意味している．FDMAとTDMAでは各ユーザの使う部分を完全に分離するが，CDMAでは時間と周波数帯を複数ユーザで同時に使用する．ユーザを分離するために拡散信号と呼ばれる「鍵」を使用する．

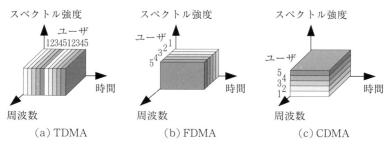

図8-1 多元接続方式の原理

8.2 TDMA

図8-1(a)に示す通り，TDMAでは各ユーザが順番に通信路を使用する．この方式を利用するために，各ユーザが使用するタイムスロットと呼ばれる時間帯を決めておく．ただし，そのタイムスロットのみを使用するように全ての

8.2 TDMA

ユーザがぴったり合った時計を持つ必要がある．実際にはユーザの時計が少しずれる可能性があるので，**ガードインターバル**（guard interval）と呼ばれる時間の隙間を各ユーザのタイムスロットの後に挿入する．

通信路の通信速度が w，ユーザ数が N のとき，各ユーザの通信速度が

$$d = w/N \tag{8-1}$$

になる．ただしこれはガードインターバルを使用しない場合の最大値である．

【例題 8.1】 通信路の通信速度が 10 [Mb/s] のとき，20 ユーザが使用した場合の各ユーザの通信速度を求めよ．また，各ユーザが 1 [kb] を送信したあとに 0.1 [ms] のガードインタバルを挿入した場合の通信速度を求めよ．

《解》 $w = 10$ [Mb/s]，$N = 20$ を式 (8-1) に代入すると $d = 500$ [kb/s] になる．

通信路の通信速度が 10 [Mb/s] なので，1 [bit] の送信時間が $1/10 = 0.1$ [μs] になる．1 回の送信で 1 [kb] を送るので，タイムスロットの長さが $1000 \times 0.1 = 100$ [μs] になる．0.1 [ms] のガードインタバルを挿入したらユーザ間隔が 0.2 [ms] になる．この時間が 20 ユーザ分繰り返すと，各ユーザのタイムスロットが $20 \times 0.2 = 4$ [ms] ごとに回ってくる．つまり 4 [ms] ごとに 1 [kb] を送信できるので，通信速度は $1000/0.004 = 250$ [kb/s]．

* * * * *

全てのユーザが常にデータを送信する場合はこのような方式は効率がいいが，コンピュータのようにユーザが何か操作をするときだけデータを送信する場合は，通信路が使用されていない時間が多々出てくる．このような通信状況があるときは順番に送信するのではなく，必要なときに通信路を使用する TDMA に基づいた**搬送波感知多重アクセス**（Carrier Sense Multiple Access, CSMA）と呼ばれる方式があり，実際にインターネットで利用されている．

CSMA 方式では，データを送信したいときに通信路が使用中かどうか確認

してから送信する．この方式を使用すると通信路の利用効率が上がり，送信遅延が減少する．

8.3 FDMA

図 8-1(b) に示す通り，ユーザが異なる周波数帯を使用するので同時にデータを送信することができる．この方式はテレビやラジオ放送に使われている．テレビは視聴者が見たい番組の周波数帯のみを抽出し番組情報を取り出す．TDMA のようなタイミング問題はなく，各ユーザが許可された帯域のみを使用すれば，それぞれのユーザが独自な送信形態を使用してもよい．

FDMA では通信路の帯域を各ユーザに分けるので，直接通信速度が求められない．通信路の帯域幅が W のとき，各ユーザが使用できる帯域は

$$D = W/N \tag{8-2}$$

になる．実際には各ユーザを分離しやすくするために**ガードバンド**（guard band）と呼ばれる周波数の隙間を使用するので，ユーザ帯域はこの値より小さくなる．

TDMA では最大可能な通信速度は簡単に求められるが，FDMA では通信速度は変調方式による．最大の通信速度は式 (3-34) から求めることができる．

8.4 CDMA

8.4.1 CDMA の原理

ここで CDMA の一種である **DS-CDMA**（Direct Sequence CDMA）について解説する．DS-CDMA の原理は図 **8-2** に示す例を使用して説明する．ユーザ 1，2 が送信したいデータを変調したあとのディジタル情報信号をそれぞれ $s_1(t)$，$s_2(t)$ とする．現在の通信規格には，変調として PSK を使うことが多い．$c_1(t)$ と $c_2(t)$ はこれらの信号より基本周波数がはるかに高い拡散信号と呼ばれるディジタル信号である．ユーザ 1 は $s_1(t)$ に $c_1(t)$ を掛けて送信し，ユーザ 2 は $s_2(t)$ に $c_2(t)$ を掛けて送信する．受信側ではユーザ 1，2 の両方の信号が混ざって受信されるが，$c_1(t)$ を掛けて帯域通過フィルタを通すとユーザ 1 の信号が取り出せる．同様にユーザ 2 の信号も取り出せる．

8.4 CDMA

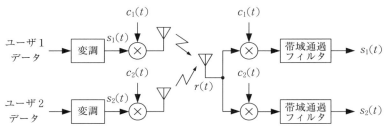

図 8-2　**DS-CDMA の原理**

拡散信号を掛ける操作は周波数スペクトルが広がることから**スペクトル拡散**（spread spectrum）という．ユーザ 1 に着目すると，図 8-3(a) に示すように情報信号の周波数スペクトルは，拡散信号の周波数帯域幅と同程度の帯域幅に拡散される．ここで，情報信号の基本周期を T，拡散信号の基本周期を T_c とすると，$\eta = T/T_c$ は**拡散率**（spreading factor）と呼ばれ，占有周波数帯域が何倍になるかを示している．

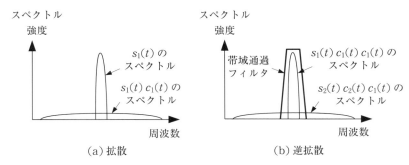

(a) 拡散　　　　　　　　　　(b) 逆拡散

図 8-3　**DS-CDMA におけるスペクトル拡散**

受信側で拡散信号を掛けてそれぞれのユーザ信号を取り出す操作を**逆拡散**（despreading）という．図 8-3(b) にユーザ 1 の信号を取り出す様子を示す．ユーザ 1 の信号 $s_1(t)$ に拡散信号 $c_1(t)$ を 2 回掛けると，$c_1^2(t) = 1$ の性質から元の信号 $s_1(t)$ になるが，$c_1(t)$ と $c_2(t)$ を掛け合わせてもユーザ 2 の信号は拡散されたままになる．帯域通過フィルタを通すとユーザ 1 の信号が取り出せるがユーザ 2 の信号が雑音として残り，完全に分離できない．拡散率が高ければ高いほどこの影響は小さくなり，実用化された W-CDMA システムでは η が 4～512 である．

8.4.2 拡散符号の働き

拡散符号の働きをわかりやすくするためにベースバンド伝送にして説明する．このとき送信データを両極 NRZ 信号に変換する．信号の例として，図 8-4 にユーザ 1 の情報信号と拡散信号を示す．この例では 送信データが (1011)，$\eta = 7$ となり，情報周期 T ごとに長さ $7T_c$ の拡散信号が繰り返される．拡散信号は情報信号に似ていることから長さ T_c の「情報」を**チップ**（chip）と呼ぶ．また，1 周期分の「情報」を**拡散符号**（spreading code）と呼ぶ．図 8-4 に使用されている拡散符号は $(1, 1, 1, -1, -1, 1, -1)$ である．

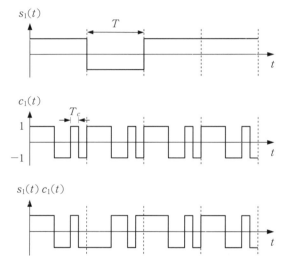

図 8-4　ユーザ 1 のデータ $s_1(t)$，拡散信号 $c_1(t)$，掛け合わせた結果

拡散信号には**擬似雑音系列**（Pseudo Noise Sequence，PN 系列）が使われる．PN 系列は，振幅が ±1 の周期的パルス列のため $c_1^2(t) = 1$ となる．また任意の時間シフト τ に対して

$$\frac{1}{T} \int_0^T c_1(t)c_1(t-\tau)dt \approx 0 \tag{8-3}$$

の性質を持つ．

ユーザ 2 の拡散信号 $c_2(t)$ はユーザ 1 の拡散信号と異なるが，同じ性質を持つ．さらにそれぞれの信号が分離できるように

8.4 CDMA

$$\frac{1}{T}\int_0^T c_1(t)c_2(t)dt \approx 0 \tag{8-4}$$

となるように選んでおく．このように選んだ拡散信号は図 **8**-**5** に示す．ユーザ 2 の送信データが (0110) で，拡散符号は $(1,\,1,\,1,\,-1,\,1,\,-1,\,-1)$ となる．

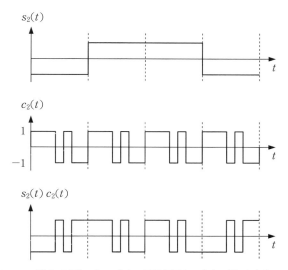

図 8-5 ユーザ 2 のデータ $s_2(t)$，PN 系列 $c_2(t)$，掛け合わせた結果

ユーザ 1 とユーザ 2 の信号を同時に送ると，基地局で受信した信号は図 8-6 に示す通り

$$r(t) = s_1(t)c_1(t) + s_2(t)c_2(t) \tag{8-5}$$

になる．実際には遅延や雑音も含まれるが，ここでは省いている．受信側でそれぞれの拡散信号を掛けるが

$$\int_0^T r(t)c_1(t)dt \approx \int_0^T s_1(t)dt \tag{8-6}$$

$$\int_0^T r(t)c_2(t)dt \approx \int_0^T s_2(t)dt \tag{8-7}$$

という関係から，$s_1(t)$ および $s_2(t)$ を分離できる．図 8-6 における $r(t)c_1(t)$ では，$s_2(t)$ の正負にかかわらず $s_1(t)$ と同一極性のパルスだけが出ており，

明確に $s_1(t)$ の正負を判定できることがわかる．拡散符号として使われる PN 系列は，条件式（8-4）の積分が完全に 0 にならないので，式（8-6）において若干の干渉が生じることになる．

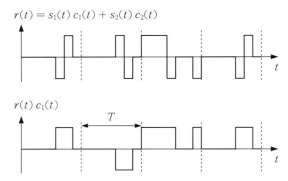

図 8-6　受信信号 $r(t)$，PN 系列 $c_1(t)$ と掛け合わせた結果

同時に通信できるユーザを増やすために拡散信号の数を増やせばいいが，任意の二つの信号が式（8-4）の関係を満たす必要がある．この場合，用意されている拡散信号の数だけのユーザが同時に通信できるが，同時通信ユーザ数が多くなると直交性の不完全性により，徐々に他ユーザからの干渉雑音が多くなってくる．

8.4.3　ダイバーシチ受信

移動通信方式では，第 3 章で説明したように同じ携帯機から放射された電波が，異なる経路を通って時間的な遅れを伴って到着することがある．最初に届いた電波を主波，遅れて届いた電波を遅延波と呼ぶ．これらが合成されて受信されることになる．

拡散信号が任意の $\tau \neq 0$ に対して式（8-3）を満たしていれば，主波に拡散信号の同期を合わせると主波だけが，遅延波に同期を合わせると遅延波だけが受信できる．これにより，両信号を合成すれば情報信号の SN 比を高めることが可能となる．この技術は**パスダイバーシチ**（path diversity）という．

さらに，使う拡散信号の組を変えれば，異なった基地局で同じ周波数帯域を使うことができる．一つの携帯機で複数の拡散信号に対する逆拡散が使えるよ

うにすると，複数の基地局から同一の携帯機に同じ情報を送ることも可能である．これを利用すると，一つの携帯機で，同時に同じ情報信号を別の基地局から受信することができ，SN 比の改善に役立てることができる．この技術は**サイトダイバーシチ**（site diversity）という．

このような形態の受信のことを総称して**レイク**（Rake）受信と呼んでいる．Rake とは熊手のことであり，分散して届いた情報をかき集める意味で名づけられている．

8.4.4 遠近問題

複数の携帯機が同時に基地局と通信する場合を考える．基地局に近い携帯機からの電波は非常に大きな電力で届き，基地局から遠い携帯機からの電波は弱い．先に述べたように，PN 系列の直交性の不完全性によって他の携帯機からの干渉が存在するため，遠い携帯機からきた弱い電波を逆拡散した希望信号に，電力の極めて大きい近い携帯機からの干渉信号が大きく影響する．その結果遠い携帯機からの情報信号の受信品質が著しく低下してしまうことがある．このような現象を遠近問題と呼び，DS-CDMA 方式では大きな問題点となっていた．IMT-2000 の規格ではこの遠近問題を避けるため，基地局は個々の携帯機からの受信電力が一定の値になるように，1 秒間に 1000 回以上，個々の携帯機に送信電力の制御を行うように指示している．

8.5 周波数ホッピング

周波数ホッピング（frequency hopping）方式も DS-CDMA 方式と同様，周波数拡散方式の一つとして分類されている．DS-CDMA 方式にはない特長を持っているため，Bluetooth などに使われている．この方式は図 **8**-**7** に示すように，使用周波数帯域の中で搬送波の中心周波数を PN 系列に従ってランダムに変更（ホッピング）してゆくため，この名がついている．この場合も，同時に同じ周波数帯を使わないようにしておくと，複数のユーザが同時にアクセスすることが可能となる．

搬送波を変更する利点はフェージング対策である．フェージングの影響は周波数によって異なることが多いので，搬送波の周波数を変更するとユーザ全体

の通信への影響を軽減できる．また，この方式では DS-CDMA 方式のような遠近問題が発生しないため，簡易的な通信方式としてパソコンやその周辺機器を無線で接続するのに使われている．

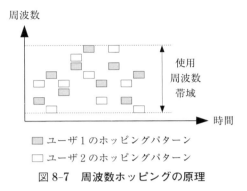

図 8-7　周波数ホッピングの原理

8.6　OFDM

周波数分割多重方式（Frequency Division Multiplexing, FDM）は，通常使う周波数帯域を重ねることなく配置した方式である．**直交周波数分割多重**（Orthogonal FDM, OFDM）方式はその名が示す通り，使う周波数帯域が重なっていても，変調波同士が直交するという関係を用いて，各変調信号を分離することを可能とした方式である．これにより周波数利用効率が非常に高い方式である．我が国では 2003 年 12 月から放送を開始した地上波ディジタルテレビ放送や高速の無線 LAN に使われている．

8.6.1　OFDM の原理

図 8-8 に**シングルキャリア（単一搬送波）方式**（single carrier modulation）を示す．信号区間 T_s ごとに情報を送信するので，周波数スペクトルの主な範囲は $f_c \pm 1/T_s$ になる．シングルキャリア方式で送る情報を N 個に分割し，異なる N 個のキャリアを用いて伝送すると**マルチキャリア方式**（multi-carrier modulation）になる．

図 8-9 に $N=4$ の場合のマルチキャリア方式を示す．シングルキャリアの情報伝送速度と同じなので，個々のキャリアでの伝送時間は N 倍になる．し

8.6 OFDM

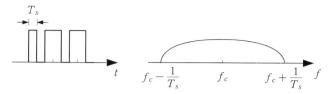

図 8-8 シングルキャリア伝送
右：時間信号，左：主な周波数スペクトル範囲

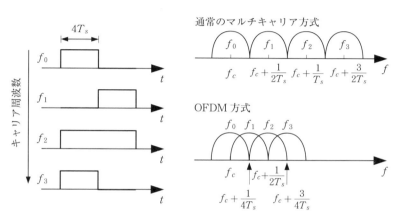

図 8-9 通常のマルチキャリア方式と OFDM 方式の比較

たがって，個々のキャリアの伝送帯域幅はシングルキャリア方式と比較して $1/N$ 倍となっている．それらが N 個あるので，通常のマルチキャリア方式では全体として同じ帯域幅を必要とする．図 8-9 右上に示す通常のマルチキャリア方式では，個々のスペクトルの主な範囲は $f_n \pm 1/(4T_s)$ となる．

一方，OFDM 方式はマルチキャリア方式における個々のキャリアの変調波が直交することを条件に，個々のキャリアの取る帯域を極限まで重ねて配置した方式である．あとで示すが，$T = NT_s$ のとき，直交するためのキャリア周波数の間隔は $1/T$ になる．この様子を図 8-9 右下に示す．$N = 4$ なのでキャリア周波数の間隔が $1/(4T_s)$ になる．

8.6.2 信号構成

OFDM では各キャリアの信号が QAM 信号になるため，n 番目のキャリアの 1 信号区間 $T = NT_s$ の信号は次式のように表せる．

$$s_n(t) = I_n \cos(2\pi f_n t) - Q_n \sin(2\pi f_n t) \tag{8-8}$$

これを複素数で表現すると次式のようになる．

$$s_n(t) = Re\{A_n \exp(j2\pi f_n t)\} \tag{8-9}$$

ただし，データシンボル $A_n = I_n + jQ_n$ とする．上式の複素指数関数を

$$z_n(t) = A_n \exp(j2\pi f_n t) \tag{8-10}$$

として定義すると $s_n(t) = Re\{z_n(t)\}$ になる．

n 番目および $n+1$ 番目のキャリア信号が直交する条件は次式で与えられる．

$$\int_0^T z_n^*(t) z_{n+1}(t) dt = \int_0^T A_n^* A_{n+1} \exp[j2\pi(f_{n+1} - f_n)t] dt = 0 \tag{8-11}$$

ただし，* は複素共役を示す．これらの信号が直交するには，A_n, A_{n+1} の如何に関わらず上式が成立する必要がある．この積分を実行すると次式になる．

$$\begin{aligned}\int_0^T z_n^*(t) z_{n+1}(t) dt &= A_n^* A_{n+1} \left[\frac{\exp[j2\pi(f_{n+1} - f_n)t]}{j2\pi(f_{n+1} - f_n)} \right]_0^T \\ &= A_n^* A_{n+1} \left[\frac{\exp[j2\pi(f_{n+1} - f_n)T] - 1}{j2\pi(f_{n+1} - f_n)} \right]\end{aligned} \tag{8-12}$$

直交条件を満たす最小の周波数間隔は，$f_{n+1} - f_n = 1/T$ となる．最初のキャリアの周波数が f_0 のとき，n 番目のキャリア周波数は

$$f_n = f_0 + \frac{n}{T} \tag{8-13}$$

になる．この周波数間隔で変調波を周波数軸上に並べれば，周波数帯が重なった変調波でも，他の変調波から影響されることなく復調できる．伝送帯域幅について通常のマルチキャリア方式と比べると，N が十分大きい場合，およそ半分の帯域幅で同一の情報伝送速度が達成できることになる．

OFDM では，上記 N 個の変調波を合成して一挙に伝送する．したがって，

8.6 OFDM

ベースバンド OFDM 信号 $s(t) = Re\{z(t)\}$ で, $z(t)$ は次式のようにシンボル周期 $T = NT_s$ の信号として表せる.

$$z(t) = \sum_{n=0}^{N-1} A_n \exp\left(j2\pi \frac{n}{T} t\right) \tag{8-14}$$

【例題 8.2】 $N = 4$ の OFDM システムで (00100111) を送信したときのベースバンド OFDM 信号を図示せよ. 変調方式は 4-QAM (QPSK), $A = 1$ を使用すること.

《解》 4-QAM は同時に 2 ビットを送信するので, 各キャリアに 2 ビットずつ割り当てる. 0 番目のキャリアに (00), 1 番目に (10), 2 番目に (01), 3 番目に (11) を割り当てる. A_n を求めると次のようになる.

$$A_0 = 1+j, \quad A_1 = -1+j, \quad A_2 = 1-j, \quad A_3 = -1-j \tag{8-15}$$

ベースバンド OFDM 信号は

$$s(t) = \sum_{n=0}^{3} Re\left\{ A_n \exp\left(j2\pi \frac{n}{T} t\right) \right\} \tag{8-16}$$

これを図示すると図 **8-10** になる.

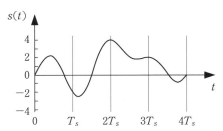

図 **8-10** **OFDM 信号の例**

* * * * *

8.6.3 変調方法

1 周期には N 個のシンボルを一度に送っている. この信号を T 区間で N 点サンプリングした値を考えると,

$$z\left(\frac{k}{N}T\right) = \sum_{n=0}^{N-1} A_n \exp\left(j2\pi \frac{kn}{N}\right), \quad k = 0, 1, \cdots, N-1 \tag{8-17}$$

となり，これはちょうど N 個の複素信号点列 $\{A_n\}$ を逆離散フーリエ変換 (Inverse Discrete Fourier Transform, IDFT) した形と同一である．このことを利用して高速に効率よく OFDM 信号が構成できる．

図 8-11 に変調方法の概要を示す．シンボルマッパとは送信データ $\{0, 1\}$ に対して数ビットまとめてデータシンボル $\{A_n\}$ を作る部分である．各キャリアにデータを分けるために直列・並列変換し，その後 IDFT により $z(kT/N)$ を得る．これを並列・直列変換した後，ガードインターバルを挿入し（次項で説明），搬送波帯に直交変調して OFDM 信号となる．最後の変調以外は全てディジタル処理ができ，比較的簡単に OFDM 信号が構成できる．

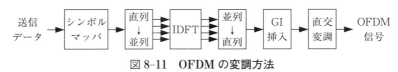

図 8-11　**OFDM の変調方法**

OFDM 信号をマルチキャリアシステムと同様に構成する場合は，多数の変調機に $f_{n+1} - f_n = 1/T$ を満たし，かつタイミングの揃った搬送波を供給しなければならず，回路の調整が困難となる問題があった．しかし，上記構成法ではこのような面倒な調整は必要なく，IDFT でディジタル的に一括して構成している．復調についても同様の考え方が可能であり，DFT 回路を用いて比較的簡単に復調できる．

8.6.4　OFDM 方式の特徴

OFDM 方式は，各変調波の周波数帯を極限まで重ねたマルチキャリア方式であり，N が十分に大きい場合，理想ローパスフィルタを用いたシングルキャリア方式と同程度の周波数利用効率が比較的簡単に実現できる方式である．また，N を 2 のべき乗としておけば，高速に離散フーリエ変換を計算できる FFT アルゴリズムが利用できることも大きな利点となっている．

移動通信では，移動に伴って電波の到来方向との関係で，搬送波の中心周波数がドップラーシフトにより若干ずれる．OFDM 方式においては直交性の崩れとして干渉雑音が生じることとなるので，このための自動調整には綿密な設計が必要である．

8.6 OFDM

一方,先にも述べたように移動通信では遅延波が存在するが,OFDM では 1 シンボルの時間長はシングルキャリア方式と比べて N 倍長くなっている.シンボル周期に対する遅延時間の比は,シングルキャリア方式の場合と比べて非常に小さく影響も少ないため,移動通信にとって非常に都合のよい方式である.さらに,遅延波の影響を軽減する方法として,**ガードインターバル挿入** (guard interval insertion) という技術がある.この方法ではシンボル周期を T より少し長く取り,1 周期の OFDM 信号の後半部分を先頭にコピーする.これにより,遅延時間がこのガードインターバル長よりも小さければ,遅延波の影響をほとんどなくすことも可能になる.

第 4 世代携帯電話では,100 [Mb/s] 程度の情報伝送速度が要求されるため,シングルキャリア方式では 1 シンボル長が非常に小さくなり,綿密な遅延波対策が必要となる.しかし,OFDM 方式では N を大きくすることによって遅延波に強いシステムとなるので,OFDM 方式を適用した CDMA 方式が有力な候補として盛んに検討されている.

演習問題

【**8.1**】 ユーザ数 $N = 25$ の TDMA システムで 3 [MB] のファイルを送信したい.通信路の通信速度が $w = 8$ [Mb/s] のとき,このファイルの送信にかかる時間を求めよ.各ユーザのタイムスロットの長さが 10 [ms] でガードインタバルが 1 [ms] とする.

【**8.2**】 TDMA システムの設計を依頼された.システムのユーザ数が 30 人で,各ユーザが要求される通信速度は 10 [Mb/s] である.通信路を測定したら,帯域幅が 60 [MHz] だとわかった.誤りがないようにするために通信路の SN 比を最低いくらにすればよいか計算せよ.

【**8.3**】 FDMA システムでは,使用できるユーザを増やすためになされている対策を二つ挙げよ.

【**8.4**】 ある FDMA システムにおいて,各ユーザが BPSK を使用して 100 [kb/s] で通信をする.隣のユーザに影響しないために充分に各ユーザの中心周波数を離す必要がある.BPSK 信号のスペクトル制限としては,隣のユーザ帯域にピーク値の 0.01 倍まで許されるとする.通信路全体の帯域が 10 [MHz] の場合,このシステムが使えるユーザ数を求めよ.BPSK 信号のベースバンドスペクトルは (6-1) になる.

【8.5】 CDMA の拡散信号 $c_1(t)$ と $c_2(t)$ の性質である式（8-3）を確認せよ．式（8-3）において，横軸が τ，縦軸が積分の結果のグラフにし，$0 \leqq \tau \leqq T$ の範囲内で $0.5T_c$ 間隔で積分を計算すること．この結果から受信側でビットの始まりを検出する方法を説明せよ．

【8.6】 $c_1(t)$ と $c_2(t)$ の性質である式（8-4）を確認せよ．

【8.7】 ある CDMA システムではユーザ 1 の拡散符号が $(1, 1, 1, -1, 1, -1, -1)$ で，ユーザ 2 の拡散符号が $(1, 1, 1, -1, -1, 1, -1)$ である．
　(a) ベースバンド通信を行うものとし，ユーザ 1 がデータ $(0, 1)$，ユーザ 2 がデータ $(1, 1)$ を送信するときのそれぞれの CDMA 信号 $s_1(t)c_1(t)$，$s_2(t)c_2(t)$ を図示せよ．
　(b) 受信機でユーザ 1 の信号と，2 チップずれたユーザ 2 の信号が受信されたとする．雑音が無い場合の受信信号が $r(t) = s_1(t)c_1(t) + s_2(t-2T_c)c_2(t-2T_c)$ になる．この受信信号を図示せよ．
　(c) ユーザ 1 とユーザ 2 のデータを復調するために受信信号 $r(t)$ とユーザの拡散信号を掛け合わせる．ここで各ユーザのデータの始まりがわかるものとする．受信信号とユーザ 1，ユーザ 2 の拡散信号を掛け合わせた結果をそれぞれ図示せよ．
　(d) 上記の結果からユーザ 1 とユーザ 2 のデータが正しく受信できることを示せ．

【8.8】 OFDM 方式で 10 キャリアを使用し，各キャリアに 64-QAM を使った場合，同時に何ビットが送信できるか．

【8.9】 OFDM 方式で変調方式に図 7-22 の 8-PSK（$A = 1$）を使用した場合，データが（111）のときの振幅値 A_n を求めよ．

【8.10】 （11001111101010010011）を $f_0 = 1$ [MHz]，$T_s = 0.1$ [μs]，$N = 5$ の OFDM 方式で送信するときの信号について考えよう．各キャリアに図 7-29 の 16-QAM（$A = 1$）を使うとする．
　(a) キャリアの周波数 f_n，$n = 0, 1, 2, 3, 4$ を求めよ．
　(b) 送信データを各キャリアに分けて，各キャリアの送信信号を

$$s_n(t) = I_n \cos(2\pi f_n t) - Q_n \sin(2\pi f_n t)$$

の形で表現せよ．
　(c) 各キャリアの送信信号を足し合わせて全体の送信信号を作り，$0 \leqq t \leqq T$ の範囲を図示せよ．

演習問題解答

第2章　通信で使う信号

【**2.1**】位相を求めるとき，C言語等で用意されている関数 atan2(y, x) を利用．

(a) $(2, -3) \to 2\cos(2\pi ft) + (-3)[-\sin(2\pi ft)] = \sqrt{13}\cos(2\pi ft + \theta)$
$\theta = \mathrm{atan2}(-3, 2) = \tan^{-1}(-3/2) = -0.983\,[\mathrm{rad}]$

(b) $(-4, 4) \to -4\cos(2\pi ft) + (4)[-\sin(2\pi ft)] = 4\sqrt{2}\cos(2\pi ft + \theta)$
$\theta = \mathrm{atan2}(4, -4) = \pi + \tan^{-1}(-1) = 2.36\,[\mathrm{rad}]$

(c) $(3, 4) \to 3\cos(2\pi ft) + (4)[-\sin(2\pi ft)] = 5\cos(2\pi ft + \theta)$
$\theta = \mathrm{atan2}(4, 3) = \tan^{-1}(4/3) = 0.927\,[\mathrm{rad}]$

(d) $(-1, -4) \to -1\cos(2\pi ft) + (-4)[-\sin(2\pi ft)] = \sqrt{17}\cos(2\pi ft + \theta)$
$\theta = \mathrm{atan2}(-4, -1) = \tan^{-1}(4) - \pi = -1.82\,[\mathrm{rad}]$

波形のプロット

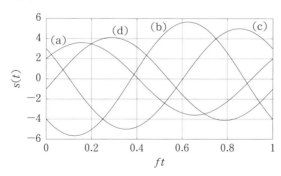

【**2.2**】$\cos(A + B) = \cos(A)\cos(B) - \sin(A)\sin(B)$ を利用．

(a) $4\cos(2\pi ft + \pi/4) = 4\cos(2\pi ft)\cos(\pi/4) - 4\sin(2\pi ft)\sin(\pi/4) = 2\sqrt{2}\cos(2\pi ft) + 2\sqrt{2}[-\sin(2\pi ft)] \to$ 座標：$(2\sqrt{2}, 2\sqrt{2})$

(b) $2\cos(2\pi ft - \pi/3) = 2\cos(2\pi ft)\cos(\pi/3) + 2\sin(2\pi ft)\sin(\pi/3) = \cos(2\pi ft) - \sqrt{3}[-\sin(2\pi ft)] \to$ 座標：$(1, -\sqrt{3})$

(c) $5\cos(2\pi ft - 5\pi/6) = 5\cos(2\pi ft)\cos(5\pi/6) + 5\sin(2\pi ft)\sin(5\pi/6)$
$= -2.5\sqrt{3}\cos(2\pi ft) - 2.5[-\sin(2\pi ft)] \rightarrow$ 座標：$(-2.5\sqrt{3}, -2.5)$

(d) $\cos(2\pi ft + 3\pi/5) = \cos(2\pi ft)\cos(3\pi/5) - \sin(2\pi ft)\sin(3\pi/5) =$
$-0.309\cos(2\pi ft) + 0.951[-\sin(2\pi ft)] \rightarrow$ 座標：$(-0.309, 0.951)$

【2.3】 複素指数関数表現

$$4\cos(10\pi t + 3) = 2\left(e^{j(2\pi(5)t+3)} + e^{j(2\pi(-5)t-3)}\right)$$

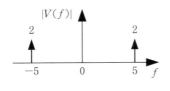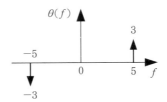

【2.4】

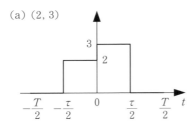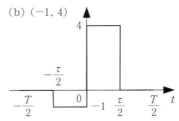

【2.5】 信号のエネルギー

$$E = \int_{-T/2}^{T/2} s^2(t)\, dt$$

(a) $13\tau/2$ [J]   (b) $17\tau/2$ [J]

【2.6】 信号の平均電力 P は式 (2-22) と振幅 A を使用し、$P = A^2/2$ で求める．

(a) $13/2$ [W]   (b) 16 [W]   (c) $25/2$ [W]   (d) $17/2$ [W]

一般的に、$P = (x_0^2 + y_0^2)/2$ になる．

【2.7】 直交条件は次式の通りである．

$$\int_0^1 \cos(10\pi t)\cos(2\pi ft)dt = 0$$

積分をすると次式になる．

$$\int_0^1 \cos(10\pi t)\cos(2\pi ft)dt = \frac{1}{2}\int_0^1 \cos[2\pi(5+f)t] + \cos[2\pi(5-f)t]dt$$
$$= \frac{1}{2}\left[\frac{\sin[2\pi(5+f)t]}{2\pi(5+f)} + \frac{\sin[2\pi(5-f)t]}{2\pi(5-f)}\right]_0^1$$
$$= \frac{1}{2}\left[\frac{\sin[2\pi(5+f)]}{2\pi(5+f)} + \frac{\sin[2\pi(5-f)]}{2\pi(5-f)}\right]$$

これをゼロにするために，$2(5+f)$ と $2(5-f)$ が整数になればよい．整数になる最小の値は $f=0.5$ である．

【2.8】 パルスを t の式で表して変換する．

(a) ランプパルス
$$s(t) = \frac{2}{T}t, \quad -\frac{T}{2} \leq t \leq \frac{T}{2}$$

フーリエ変換：
$$S(f) = \int_{-T/2}^{T/2} \frac{2}{T}t e^{-j2\pi ft}dt$$

この積分を行うために，下記を利用．
$$\int te^{-at}dt = -\frac{t}{a}e^{-at} - \frac{1}{a^2}e^{-at}$$

$$S(f) = \frac{2}{T}\left[-\frac{te^{-j2\pi ft}}{j2\pi f} + \frac{e^{-j2\pi ft}}{4\pi^2 f^2}\right]_{-T/2}^{T/2}$$
$$= -\frac{1}{j2\pi f}\left(e^{j\pi fT} + e^{-j\pi fT}\right) - \frac{1}{2\pi^2 f^2 T}\left(e^{j\pi fT} - e^{-j\pi fT}\right)$$

$e^{jx} - e^{-jx} = j2\sin(x)$, $e^{jx} + e^{-jx} = 2\cos(x)$ なので，

$$S(f) = \frac{j}{\pi f}\cos(\pi fT) - \frac{j}{\pi^2 f^2 T}\sin(\pi fT)$$
$$= jT\left[\frac{\cos(\pi fT)}{\pi fT} - \frac{\sin(\pi fT)}{(\pi fT)^2}\right]$$

(b) 半正弦波パルス
$$s(t) = \cos(\pi t/T), \quad -\frac{T}{2} \leq t \leq \frac{T}{2}$$

$\cos(x) = (e^{jx} + e^{-jx})/2$ を利用すると，
$$s(t) = \frac{e^{j\pi t/T} + e^{-j\pi t/T}}{2}$$

フーリエ変換：

$$S(f) = \int_{-T/2}^{T/2} \frac{e^{j\pi t/T} + e^{-j\pi t/T}}{2} e^{-j2\pi ft} dt$$

$$= \frac{1}{2} \int_{T/2}^{T/2} e^{j\pi(1/T-2f)t} + e^{-j\pi(1/T+2f)t} dt$$

$$= \frac{1}{2} \left[\frac{e^{j\pi(1/T-2f)t}}{j\pi(1/T-2f)} + \frac{e^{-j\pi(1/T+2f)t}}{-j\pi(1/T+2f)} \right]_{-T/2}^{T/2}$$

$$= \frac{1}{2} \left[\frac{j(e^{-j\pi fT} + e^{j\pi fT})}{j\pi(1/T-2f)} + \frac{-j(e^{-j\pi fT} + e^{j\pi fT})}{-j\pi(1/T+2f)} \right]$$

$$= \frac{T\cos(\pi fT)}{\pi} \left[\frac{1}{1-2fT} + \frac{1}{1+2fT} \right] = \frac{2T\cos(\pi fT)}{\pi(1-4f^2T^2)}$$

振幅スペクトル

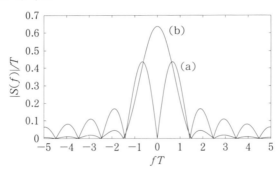

【2.9】帯域幅はスペクトルのグラフから求める．B_{10} はスペクトルの最大値の $-10\,[\mathrm{dB}] = 0.1$ 倍のときの帯域幅になる．

(a) ランプパルス：$B_0 \approx 1.43/T$, $B_{10} \approx 7.07/T$

(b) 半正弦波：$B_0 = 1.5/T$, $B_{10} \approx 1.30/T$

【2.10】積分の範囲内に入る k の値は $-3, -2, -1, 0, 1, 2, 3$ なので，

$$\int_{-\pi}^{\pi} \sum_{k=-\infty}^{\infty} \delta(t-k)\cos(\pi t/4) dt$$

$$= \cos(-3\pi/4) + \cos(-2\pi/4) + \cos(-\pi/4) + \cos(0) + \cos(\pi/4)$$

$$+ \cos(2\pi/4) + \cos(3\pi/4)$$

$$= -\frac{\sqrt{2}}{2} + 0 + \frac{\sqrt{2}}{2} + 1 + \frac{\sqrt{2}}{2} + 0 - \frac{\sqrt{2}}{2} = 1$$

第3章 通信システムのモデル

【3.1】 各モデルの要素の間に隙間がないように配慮する．下記は一例であるので他の解答も在り得る．

情報源：メールサーバの記憶装置（HDD等），送信機：メールサーバ（記憶装置からの読み取り，インターネットに送るソフトウェア），通信路：インターネット回線，雑音：インターネット回線・各種機器回路の雑音，受信機：受け取る人のコンピュータ（メールソフトウェア，画面表示），あて先：メールを読む人

【3.2】 受信信号 $r(t)$

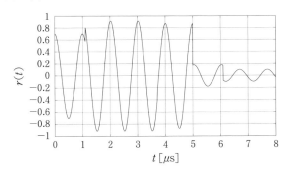

【3.3】 瞬時電力 $P(t) = r^2(t)$

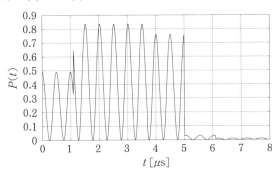

【3. 4】
$$P(x) = \int_{-\infty}^{x} \frac{1}{\sigma\sqrt{2\pi}} e^{-(u-m)^2/2\sigma^2} du$$

$t = (u-m)/(\sigma\sqrt{2})$ と置くと $dt = du/(\sigma\sqrt{2})$

$$P(x) = \int_{-\infty}^{(x-m)/(\sigma\sqrt{2})} \frac{1}{\sigma\sqrt{2\pi}} e^{-t^2} \sigma\sqrt{2}\, dt$$
$$= \frac{1}{\sqrt{\pi}} \int_{-\infty}^{(x-m)/(\sigma\sqrt{2})} e^{-t^2} dt$$
$$= \frac{1}{\sqrt{\pi}} \int_{-\infty}^{0} e^{-t^2} dt + \frac{1}{\sqrt{\pi}} \int_{0}^{(x-m)/(\sigma\sqrt{2})} e^{-t^2} dt$$

第1項に $w = -t$ と置くと

$$P(x) = \frac{1}{\sqrt{\pi}} \int_{0}^{\infty} e^{-w^2} dw + \frac{1}{\sqrt{\pi}} \int_{0}^{(x-m)/(\sigma\sqrt{2})} e^{-t^2} dt$$

となり，$\mathrm{erf}(x)$ と $\mathrm{erfc}(x)$ の定義を利用すれば，

$$P(x) = \frac{1}{2}\mathrm{erfc}(0) + \frac{1}{2}\mathrm{erf}\left(\frac{x-m}{\sigma\sqrt{2}}\right) = \frac{1}{2} + \frac{1}{2}\mathrm{erf}\left(\frac{x-m}{\sigma\sqrt{2}}\right)$$

となる．$\mathrm{erfc}(x) = 1 - \mathrm{erf}(x)$ から

$$P(x) = 1 - \frac{1}{2}\mathrm{erfc}\left(\frac{x-m}{\sigma\sqrt{2}}\right)$$

とも書ける．

【3. 5】
$$P(X > 4) = \int_{4}^{\infty} \frac{x}{\sigma^2} e^{-x^2/(2\sigma^2)} dx = \int_{4}^{\infty} \frac{x}{2} e^{-x^2/4} dx$$
$$= \left[-e^{-x^2/4}\right]_{4}^{\infty} = e^{-4} \approx 0.018$$

【3. 6】
$$E(X) = \int_{0}^{\infty} x \frac{x}{\sigma^2} e^{-x^2/2\sigma^2} dx$$

$u = x/\sqrt{2\sigma^2}$ として

$$E(X) = \int_{0}^{\infty} 2u^2 e^{-u^2} \sqrt{2\sigma^2}\, du = 2\sqrt{2\sigma^2} \int_{0}^{\infty} u^2 e^{-u^2} du$$
$$= 2\sqrt{2\sigma^2} \frac{\sqrt{\pi}}{4} = \sqrt{\frac{\pi\sigma^2}{2}}$$

【3.7】

$$P(x \leqq a) = \int_{-\infty}^{a} p(x)dx = 1 - \frac{1}{2}\text{erfc}\left(\frac{a-m}{\sigma\sqrt{2}}\right)$$
$$= 1 - \frac{1}{2}\text{erfc}\left(\frac{a-3}{\sqrt{10}}\right)$$

(a) $\quad P(x \leqq -1) = 1 - \frac{1}{2}\text{erfc}\left(\frac{-1-3}{\sqrt{10}}\right)$
$$= 1 - \frac{1}{2}\text{erfc}\left(\frac{-4}{\sqrt{10}}\right) = \frac{1}{2}\text{erfc}\left(\frac{4}{\sqrt{10}}\right)$$

(b) $\quad P(x > 1) = 1 - P(x \leqq 1) = \frac{1}{2}\text{erfc}\left(\frac{1-3}{\sqrt{10}}\right)$
$$= \frac{1}{2}\text{erfc}\left(\frac{-2}{\sqrt{10}}\right) = 1 - \frac{1}{2}\text{erfc}\left(\frac{2}{\sqrt{10}}\right)$$

(c) $\quad P(-1 < x \leqq 1) = 1 - P(x > 1) - P(x \leqq -1)$
$$= 1 - \left[1 - \frac{1}{2}\text{erfc}\left(\frac{2}{\sqrt{10}}\right)\right] - \frac{1}{2}\text{erfc}\left(\frac{4}{\sqrt{10}}\right)$$
$$= \frac{1}{2}\text{erfc}\left(\frac{2}{\sqrt{10}}\right) - \frac{1}{2}\text{erfc}\left(\frac{4}{\sqrt{10}}\right)$$

【3.8】 仲上-Rice 分布

$$p(U) = \frac{U}{\sigma_n^2}\exp\left(-\frac{U^2+A^2}{2\sigma_n^2}\right)I_0\left(\frac{AU}{\sigma_n^2}\right)$$
$$= 5U\exp[-2.5(U^2+4)]I_0(10U)$$

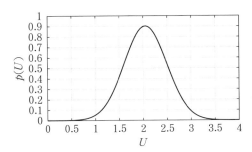

【3.9】 誤り率：$25/100,000,000 = 2.5 \times 10^{-7}$

【3.10】 SN 比 $= \dfrac{S}{n_0 B}$

正弦波の平均電力 $S = A^2/2$，$33\,[\mathrm{dB}] \to 1995$ なので，

$$1995 = \frac{A^2}{(2)(0.001)(22000)} \to A \approx 296.3$$

【3.11】 通信路容量：$C = B\log_2(1 + S/N)$

ここで，$C = 1 \times 10^9$，$27.9\,[\mathrm{dB}] \to S/N = 616.6$ から，B は次式のように求められる．

$$1 \times 10^9 = B\log_2(1 + 616.6) \to B = 107.9\,[\mathrm{MHz}]$$

【3.12】 誤りを気にしない場合，情報を全く伝えなくてもいいことになるので，通信速度は 0 で構わない．このときの最低必要な帯域幅は 0 になる．

【3.13】 帯域幅は 0 である．通信路容量の式から $C = 0$ になる．正弦波の波形を考えると，変化がないので情報はないことになり，情報を送信することができない．逆に言えば，情報は信号の変化によって伝えるものである．

【3.14】 雑音がなければ SN 比が無限大になり，$C = \infty$ になる．つまり，情報はいくらでも送信できる．物理的に考えれば，信号がそのまま受信されるので，歪みなしで通信ができる．つまり，どんなに細かい信号でも送信でき，受信側で区別できる．これは情報量が無限大であることと同じ意味である．

第 4 章　アナログ信号のディジタル表現

【4.1】 $1/(2f_m)\,[\mathrm{s}]$ より長い間隔でサンプリングすると，エイリアシングが生じ完全に復元できなくなる．$1/(2f_m)\,[\mathrm{s}]$ より短い間隔でサンプリングすると，信号を完全に復元できる．間隔が短いほど復元しやすくなる．

【4.2】 周波数帯域が 30～50 [kHz] の信号は -50～-30 [kHz] の成分も持つ．この信号を 55 [kHz] で標本化したら，式（4-3）より元のスペクトルが 55 [kHz] おきに複製される．つまり -50～-30 [kHz] の成分が 5～25 [kHz]，60～80 [kHz] に複製され，30～50 [kHz] の成分が -25～-5 [kHz]，-80～-60 [kHz] に複製される．しかし，複製されたスペクトル成分は重ならないので，標本化信号のスペクトルから元の信号のスペクトルを取り出すことが可能である．スペクトルと信号は 1 対 1 の関係を持つことから，標本化信号から元の信号を取り出すことも可能である．

【4.3】 この信号は有限時間であるためスペクトルは無限大まで続く．つまり，f_m が存在しない．したがって完全に元に戻せるためのサンプリング周波数は存在しない．しかし，この信号をフィルタにかけてスペクトルを制限すれば，元に戻すことが可能になる．

【4.4】 $\cos(20\pi t)$ の周波数は 10 [Hz] になる．この 2 倍の 20 [Hz] で標本化すると，サンプルの値は全て同じになるので信号を元に戻せない．この場合，$f_0 > 20$ [Hz] を使う必要がある．

15 [Hz] で標本化すると，複製される成分を含めてスペクトルの成分が $-20, -10, -5, 5, 10, 20$ [Hz] などになる．元に戻すための低域フィルタの通過域は $-7.5 \sim 7.5$ [Hz] なので，スペクトルの -5 と 5 [Hz] の成分が取り出される．つまり復元された信号は $\cos(10\pi t)$ になる．

【4.5】 標本化信号のスペクトル

(a) $f_0 = 15$ [MHz]

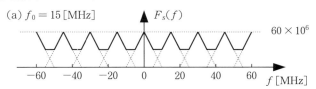

(b) $f_0 = 30$ [MHz]

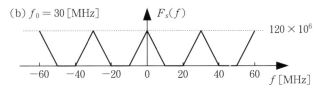

【4.6】 サンプリング周波数が 200 [Hz] なので，サンプルの周期は $1/200 = 5$ [ms] になる．

(a) PAM 波形

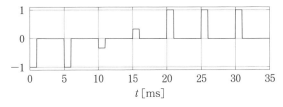

(b) PPMについて，パルスの位置は周期の始まりから$5-1=4$ [ms] までが可能である．振幅の範囲が $[-1,1]$ なので，パルスの振幅を A とすると，それに対する位置は $2(A+1)$ で与えられる．サンプル時点における信号の振幅と PPM パルスの位置を下表に示す．

サンプリング時間 [ms]	0	5	10	15	20	25	30
$f(t)$	-1	-1	$-1/3$	$1/3$	1	1	1
相対パルス位置	0	0	4/3	8/3	4	4	4

PPM 波形

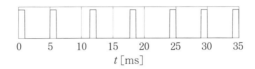

(c) PWMについて，パルスの幅は 0~5 [ms] の間が可能である．振幅の範囲が $[-1,1]$ なので，パルスの振幅を A とすると，それに対する幅は $5(W+1)/2$ で与えられる．サンプル時点における信号の振幅と PWM パルスの幅を下表に示す．

サンプリング時間 [ms]	0	5	10	15	20	25	30
$f(t)$	-1	-1	$-1/3$	$1/3$	1	1	1
パルス幅	0	0	5/3	10/3	5	5	5

PWM 波形

(d) レベルの間隔が $2/8 = 1/4$ になる．信号の範囲と 3 [bit] の PCM 表現の対応を次表に示す．

上記の対応表を使い，信号の振幅を PCM に変換すると下表のようになる．

t [ms]	A	量子化レベル	符号	量子化誤差
0	-1	$-7/8$	000	$1/8$
5	-1	$-7/8$	000	$1/8$
10	$-1/3$	$-3/8$	010	$1/24$
15	$1/3$	$3/8$	101	$1/24$
20	1	$7/8$	111	$1/8$
25	1	$7/8$	111	$1/8$
30	1	$7/8$	111	$1/8$

振幅区分	量子化レベル	2進数符号
$[-1, -3/4)$	$-7/8$	000
$[-3/4, -2/4)$	$-5/8$	001
$[-2/4, -1/4)$	$-3/8$	010
$[-1/4, 0)$	$-1/8$	011
$[0, 1/4)$	$1/8$	100
$[1/4, 2/4)$	$3/8$	101
$[2/4, 3/4)$	$5/8$	110
$[3/4, 1]$	$7/8$	111

上記の3ビットをパルスで表現するが，1 [ms] 幅のパルスを使うときパルスの間に隙間を入れてもよいし，くっつけてもよい．下図では前者を使用して PCM 波形を示す．

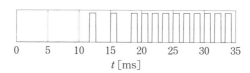

【4.7】 4ビットを使用すると振幅値を16レベルに分けるので，レベルの間隔が $18/16 = 1.125$ になる．0000 を $[0, 1.125)$，0001 を $[1.125, 2.5)$ のように割り当てると，信号のサンプル値は下表のように量子化される．

サンプリング値	1.4	12.6	6.7	5.1	17.8
量子化レベル	1.6875	12.9375	6.1875	5.0625	17.4375
符号	0001	1011	0101	0100	1111
量子化誤差	0.2875	0.3375	0.5125	0.0375	0.3625

PCM 波形

4 [bit] PCM の平均量子化誤差：0.3075

5 [bit] PCM の平均量子化誤差：0.12375

【4.8】 $100 \times 10^6/8 = 125 \times 10^3$ [サンプル／秒]．

【4.9】 $300 \times 400 \times 30 = 3,600,000$ [ピクセル／秒]．情報量は $3,600,000 \times 7 = 25,200,000$ [ビット／秒] になる．1 ピクセルの周期は $T = 1/3,600,000 = 0.278$ [μs]．パルスをくっつければ，1 ビットの最大のパルス幅は $T/7 = 39.7$ [ns] になる．

【4.10】 1 サンプル当たりのビット数を最大にするために，なるべく低いサンプリング周波数を使う．信号の帯域が 25 [kHz] なので最低サンプリング周波数は 50 [kHz] である．3 [kHz] のガードバンドを追加すると使用できる最低のサンプリング周波数が 53 [kHz] になる．つまり，1 秒間に 53×10^3 サンプルになる．

通信路を通して誤り無しで最大伝送できる速度が通信路容量である．式 (3-34) より $C = 64 \times 10^3 \log_2(1 + 10^{4.2}) = 893$ [kb/s] になる．1 秒間に送信できるビット数が 893×10^3，サンプル数が 53×10^3 なので，1 サンプル当たりのビット数は，$893 \times 10^3/53 \times 10^3 = 16.8 \to 16$ [bit] になる（通信路容量を超えないために切り捨てにする）．

第 5 章 波形伝送理論

【5.1】 現実的な伝送には遅延が必ず起きるため，$t_0 = 0$ は実現不可能である．無ひずみ伝送を現実的な定義になるように $t_0 > 0$ とする．

【5.2】 $\cos(f) - j\sin(f)$ は $\exp(-jf)$ と書ける．無ひずみ伝送の条件である式 (5-6) と比較すると $k = 1, 2\pi t_0 = 1$ になるので無ひずみ伝送が可能である．

【5.3】 式 (5-11) から $\sin(5\pi kT) = 0$ になる最小の値 T を求めればよい．T が $5\pi kT = k\pi$ を満たせばよいので，$T = 1/5$ が最小の値である．

【5.4】 ISI を 0 にするため,ナイキストの第 1 基準を満たすパルスを使用する.図 5-8 に示す最小帯域のパルスを使用すると最大のパルス数が送信できる.ここで帯域が $f_0/2 = 1000\,[\text{Hz}]$ なので,1 秒間に送信できる最大のパルス数は $f_0 = 2000$ になる.

【5.5】 ISI をゼロにする条件は $h(0) = 1$,$h(kT) = 0$ である.ガウス形のパルスは 0 にならないので,ISI を 0 にすることはできないが,定数 a を小さくすることによりパルス幅が狭くなり,$h(kT)$ が 0 に近づき ISI を 0 に近い状態にできる.

【5.6】 それぞれ時間と周波数の条件を確認.

(a) どの値 T を選んでも $h(0) = 1$ と $h(kT) = 0$ を同時に満たすことができない.

(b) $f_0 = 200\,[\text{kHz}]$ にすれば,$T = 1/f_0 = 5\,[\mu\text{s}]$ となり,式 (5-16) の条件が満たされる.

【5.7】 周波数特性は式 (5-17),インパルス応答は式 (5-18) になる.$f_0 = 1/T = 1000\,[\text{Hz}]$ になる.

(a) 周波数特性

$$H(f) = \begin{cases} 0.001, & |f| \leq 150\,[\text{Hz}] \\ 0.0005\left(1 - \sin\left[\dfrac{\pi(|f| - 500)}{700}\right]\right), & 150\,[\text{Hz}] \leq |f| \leq 850\,[\text{Hz}] \\ 0, & |f| > 850\,[\text{Hz}] \end{cases}$$

インパルス応答

$$h(t) = \text{sinc}(1000\pi t)\frac{\cos(700\pi t)}{1 - (1400t)^2}$$

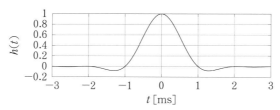

(b) 式 (5-11) で定義される時間信号のナイキストの第 1 基準を確認すると, $h(0)=1$, $h(kT)=0$ は満たされることがわかる.

式 (5-16) で定義されるスペクトルの基準を見ると, コサインロールオフのパルスをずらして加算するような形になるが, 同時に重なるのは二つのパルスのみである. 他の範囲も同じなので, ここで $0 \leqq f \leqq f_0$ の間に式 (5-16) が満たされることを示す. つまり, $H(f)+H(f-f_0)=T$ を示せばよい.

- $0 \leqq f \leqq (1-\alpha)f_0/2$

$$H(f) = T, \ H(f-f_0) = 0 \rightarrow H(f) + H(f-f_0) = T$$

- $(1-\alpha)f_0/2 \leqq f \leqq (1+\alpha)f_0/2$

$$H(f) = \frac{T}{2} - \frac{T}{2}\sin\left[\frac{\pi(f-f_0/2)}{\alpha f_0}\right],$$
$$H(f-f_0) = \frac{T}{2} - \frac{T}{2}\sin\left[\frac{\pi(f+f_0/2)}{\alpha f_0}\right]$$
$$\rightarrow H(f) + H(f-f_0) = T$$

- $(1+\alpha)f_0/2 \leqq f \leqq f_0$

$$H(f) = 0, \ H(f-f_0) = T \rightarrow H(f) + H(f-f_0) = T$$

【5.8】 (a) 送信信号

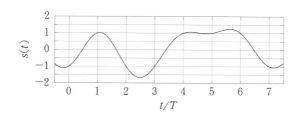

（b）アイダイアグラム

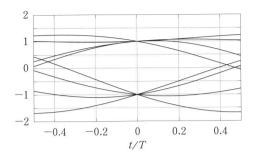

（c）スレッショルドは 0 なので，$s(t) = 0$ におけるアイダイアグラムの幅を計ればよい．上記のプロットからサンプル時点 $t = 0$ から $-0.34 \leqq t/T \leqq 0.38$ の範囲内であればこのデータは正しく判定される．

第 6 章　ベースバンド伝送

【*6.1*】 2 進符号は 1 ビットに対して，16 進符号は 4 ビット，64 進符号は 6 ビット，256 進符号は 8 ビットの情報を送信するので，それぞれ 4 倍，6 倍，8 倍になる．

【*6.2*】 伝送するレベルの間隔を変えないなら送信電力が大きくなる．送信電力を変えないなら誤り率が大きくなる．どちらかの不都合がある．

【*6.3*】 マンチェスター符号の場合，「01」が繰り返されると波形の変化は符号周期の真ん中になり，タイミングがずれる．DMI 符号の場合，符号切り替え時に必ず波形が変化するのでタイミングがとりやすい．

【*6.4*】 低域遮断フィルタの特性によるが，一例を下図に示す．波形全体が崩れ，中心が 0 になる．

【6.5】 (a) B6ZS

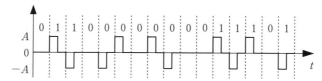

(b) HDB3

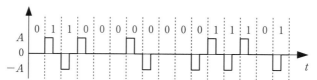

(c) PST

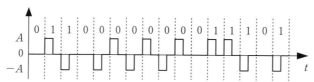

(d) マンチェスター

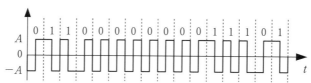

(e) CMI

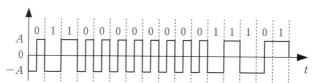

(f) DMI

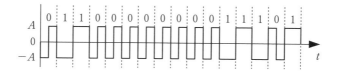

【6.6】 (a) 信号スペースダイアグラム

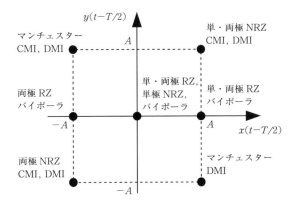

(b) マンチェスターと両極 NRZ

【6.7】 (a) HDB3．データ：00100001000001
(b) DMI．データ：10010111010101

【6.8】 NRZ 信号の誤り率について

(a) $p_0(x)$ は平均値 $-A$ のガウス分布で，$p_1(x)$ は式 (6-5) と同じなのでスレッショルドは 0 になる．式 (6-7) の積分は

$$P_e = \frac{1}{2}\int_0^\infty p_0(x)dx + \frac{1}{2}\int_{-\infty}^0 p_1(x)dx$$

となり，積分を実行すると式 (6-8) になる．

(b) 単極 NRZ の場合，0 の信号の電力が 0，1 の信号の電力が A^2 なので平均が $A^2/2$ になる．両極 NRZ の場合，0 の信号の電力が A^2，1 の信号の電力が A^2 なので平均が A^2 になる．

(c) 単極 NRZ：$S/N = A^2/(2\sigma^2) \to P_e = 0.5\mathrm{erfc}(\sqrt{(S/N)}/2)$
両極 NRZ：$S/N = A^2/\sigma^2 \to P_e = 0.5\mathrm{erfc}(\sqrt{(S/N)/2})$
プロットは次図に示す．

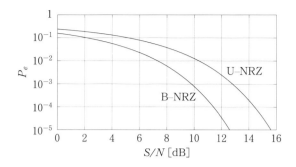

(d) 0 と 1 の信号の間隔が等しくなればいいので，両極 NRZ の振幅を 1.5 [V] にすればよい．

【6.9】 1 を送信するときに A と $-A$ のパルスを交互に送信するので誤り率は次式になる．

$$P_e = \frac{1}{4}P(0|+A) + \frac{1}{4}P(0|-A) + \frac{1}{2}P(1|0)$$

ここで $P(Y|X)$ とは，X の振幅を送信したときにデータの判定が Y であることを意味する．受信側での判定は $x \leqq -A/2$，$x \geqq A/2 \to 1$，$-A/2 < x < A/2 \to 0$ になる．

- $P(0|+A)$

$$\frac{1}{2}\mathrm{erfc}\left(\frac{A}{2\sqrt{2\sigma_n^2}}\right) - \frac{1}{2}\mathrm{erfc}\left(\frac{3A}{2\sqrt{2\sigma_n^2}}\right)$$

- $P(0|-A)$

$$\frac{1}{2}\mathrm{erfc}\left(\frac{A}{2\sqrt{2\sigma_n^2}}\right) - \frac{1}{2}\mathrm{erfc}\left(\frac{3A}{2\sqrt{2\sigma_n^2}}\right)$$

- $P(1|0)$

$$\mathrm{erfc}\left(\frac{A}{2\sqrt{2\sigma_n^2}}\right)$$

上記の結果から

$$P_e = \frac{3}{4}\mathrm{erfc}\left(\frac{A}{2\sqrt{2\sigma_n^2}}\right) - \frac{1}{4}\mathrm{erfc}\left(\frac{3A}{2\sqrt{2\sigma_n^2}}\right)$$

になる．SN 比がある程度高いとき，第 1 項に比べれば第 2 項が無視できるほど小さいので式 (6-9) となる．

【6.10】 レベルの間隔が $A/(n-1)$ なので 0 と 1 の間のスレッショルドは $A/[2(n-1)]$ になる．P_{e0} は 0 を送った場合に 0 と判定しない確率で，平均値 $m=0$ のガウス確率変数 x が $A/[2(n-1)]$ より大きい確率に等しい．つまり，

$$P_{e0} = P\left(x > \frac{A}{2(n-1)} \;\middle|\; m=0\right) = \frac{1}{2}\mathrm{erfc}\left(\frac{A}{2(n-1)\sqrt{2\sigma_n^2}}\right)$$

$n-1$ を送信した場合の誤り率も同様な計算で，$P_{e(n-1)} = P_{e0}$ となる．$0 < i < n-1$ の記号 i を送信する場合の誤り率は全て同じになるので，代表例として $i=1$ を考える．

$$P_{e1} = P\left(x < \frac{A}{2(n-1)} \;\middle|\; m = \frac{A}{n-1}\right) + P\left(x > \frac{3A}{2(n-1)} \;\middle|\; m = \frac{A}{n-1}\right)$$
$$= \mathrm{erfc}\left(\frac{A}{2(n-1)\sqrt{2\sigma_n^2}}\right)$$

$P_i = 1/n$ と，これらの確率を式 (6-10) に代入すると

$$P_e = \frac{1}{n}\left[\frac{1}{2}\mathrm{erfc}\left(\frac{A}{2(n-1)\sqrt{2\sigma_n^2}}\right) + (n-2)\mathrm{erfc}\left(\frac{A}{2(n-1)\sqrt{2\sigma_n^2}}\right)\right.$$
$$\left. + \frac{1}{2}\mathrm{erfc}\left(\frac{A}{2(n-1)\sqrt{2\sigma_n^2}}\right)\right]$$

となり，式 (6-11) が得られる．

第 7 章　搬送波ディジタル伝送

【7.1】

(a) 波形

(b) LPF 出力

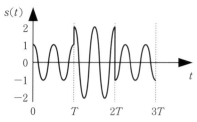
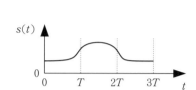

【7.2】 (a) 下図の確率分布のプロットから判定スレッショルドが 0.97 である.

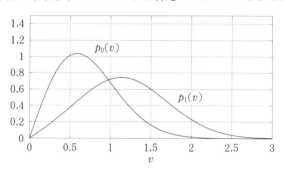

(b) $\rho = (4.36)^2/(2\times 0.3) = 31.68 \to 15.0$ [dB] なので，$P_e = 10^{-4}$ になる.

【7.3】

(a) 信号スペースダイアグラム

(b) 送信信号

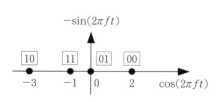
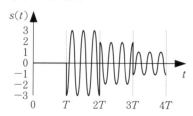

(c) LPF 出力

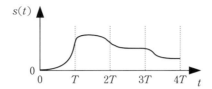

非同期検波を使うと振幅の絶対値が得られる．つまり信号点 -3 を送信すると受信点が 3 になり，-1 を送信すると 1 になる．それでも他の信号点 0 と 2 と区別できるので，元のデータを取り出すことが可能である．

(d) X を送信記号，Y を判定結果としたときの符号誤り率は次式の通りである．

$$P_e = \frac{1}{4}[P(Y \neq -3|X=-3) + P(Y \neq -1|X=-1) \\ + P(Y \neq 0|X=0) + P(Y \neq 2|X=2)]$$

判定に使用する値 x は平均 m のガウス分布に従う確率変数になる．判定スレッショルドが -2，$-1/2$，1 になるのでそれぞれの確率は次のように求められる．

$$P(Y \neq -3|X=-3) = P(x > -2|m=-3) = \frac{1}{2}\mathrm{erfc}\left(\frac{1}{\sqrt{2\sigma^2}}\right)$$

$$P(Y \neq -1|X=-1) = P(x \leqq -2|m=-1) + P(x > -1/2|m=-1)$$
$$= \frac{1}{2}\mathrm{erfc}\left(\frac{1}{\sqrt{2\sigma^2}}\right) + \frac{1}{2}\mathrm{erfc}\left(\frac{1}{2\sqrt{2\sigma^2}}\right)$$

$$P(Y \neq 0|X=0) = P(x \leqq -1/2|m=0) + P(x > 1|m=0)$$
$$= \frac{1}{2}\mathrm{erfc}\left(\frac{1}{2\sqrt{2\sigma^2}}\right) + \frac{1}{2}\mathrm{erfc}\left(\frac{1}{\sqrt{2\sigma^2}}\right)$$

$$P(Y \neq 2|X=2) = P(x \leqq 1|m=2) = \frac{1}{2}\mathrm{erfc}\left(\frac{1}{\sqrt{2\sigma^2}}\right)$$

これらをまとめると符号誤り率は次式になる．

$$P_e = \frac{1}{2}\mathrm{erfc}\left(\frac{1}{\sqrt{2\sigma^2}}\right) + \frac{1}{4}\mathrm{erfc}\left(\frac{1}{2\sqrt{2\sigma^2}}\right)$$

【7.4】 下図に示す．判定結果は -1 になる．

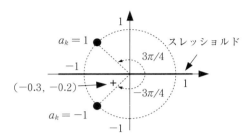

【7.5】 入力が $\cos(2\pi f_0 t)$ の場合も，$-\cos(2\pi f_0 t)$ でも，2 乗器の出力は

$$\cos^2(2\pi f_0 t) = \frac{1}{2} + \frac{1}{2}\cos(4\pi f_0 t)$$

になる．狭帯域フィルタを通すと DC 成分が消え，$\cos(4\pi f_0 t)$ の部分だけが残る．1/2 分周器を通すと $\cos(2\pi f_0 t)$ の信号が得られ，位相同期ループを通ったあと位相だけが変わるので，希望の搬送波信号が得られる．

【7.6】 （a）プロットは下図の通りになる．

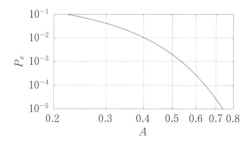

（b）プロットから最低振幅は 0.644 になる．

【7.7】 （a）1 タイムスロット（ビット）の長さは $1/(16 \times 10^6) = 62.5$ [ns] になる．

（b）搬送波の周期は $1/(8 \times 10^9) = 1.25 \times 10^{-10} = 0.125$ [ns] なので，1 タイムスロットは $62.5/0.125 = 500$ 波長に相当する．

（c）4 相 PSK のタイムスロットは 2 相 PSK の 2 倍になるので，1000 波長に

相当する.8相PSKのタイムスロットは2相PSKの3倍になるので,1500波長に相当する.

【7.8】 (a) $2T$ ごとに変化する位相

時間 [μs]	[0, 2]	[2, 4]	[4, 6]	[6, 8]	[8, 10]	[10, 12]	[12, 14]	[14, 16]
データ	11	11	00	00	01	01	11	11
位相	$3\pi/2$	$3\pi/2$	0	0	$\pi/2$	$\pi/2$	$3\pi/2$	$3\pi/2$

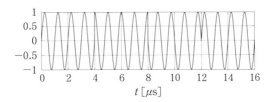

(b) T ごとに変化する位相

時間 [μs]	[0, 2]	[2, 4]	[4, 6]	[6, 8]	[8, 10]	[10, 12]	[12, 14]	[14, 16]
$a_i b_i$	10	11	01	00	00	01	11	11
位相	$3\pi/4$	$5\pi/4$	$7\pi/4$	$\pi/4$	$\pi/4$	$7\pi/4$	$5\pi/4$	$5\pi/4$

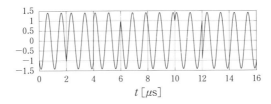

(c) 信号の違い

(b) の信号の振幅が $\sqrt{2}$ 倍大きい.位相の変化を比べると (b) には π の変化がない.(a) の信号の位相は $2T$ おきに変化するが,(b) の場合は T おきに変化する.

(d) 送信信号に π の位相変化がないので,受信信号に π の位相変化が検出されたらこれは雑音による誤りだとわかる.例えば,$[0, 2T]$ の判定結果が 00 で $[2T, 4T]$ の判定結果が 11 なら誤りがあるとわかる.

【7.9】 M-PSK の誤り率

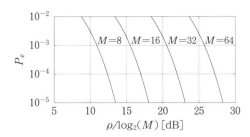

【7.10】 誤り率

$$\text{DPSK}: P_e = \frac{1}{2}e^{-\rho}, \quad \text{BPSK}: P_e = \frac{1}{2}\text{erfc}(\sqrt{\rho})$$

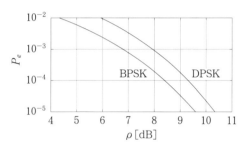

誤り率が 10^{-4} のときに BPSK は $\rho = 8.40\,[\text{dB}]$ で，DPSK は $\rho = 9.30\,[\text{dB}]$ である．$\rho = A^2/(2\sigma^2)$ なので，

$$\rho_{\text{BPSK}} = 10^{8.40/10} \rightarrow \frac{A_{\text{BPSK}}^2}{2\sigma^2} = 6.92$$

$$\rho_{\text{DPSK}} = 10^{9.30/10} \rightarrow \frac{A_{\text{DPSK}}^2}{2\sigma^2} = 8.51$$

これらの比率を求めると次式になる．

$$\frac{A_{\text{DPSK}}^2}{A_{\text{BPSK}}^2} = 8.51/6.92 = 1.23 \rightarrow A_{\text{DPSK}} = 1.11 A_{\text{BPSK}}$$

【**7. 11**】 波形

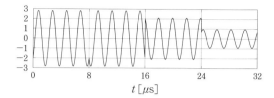

【**7. 12**】 25-QAM の平均送信電力は次式になる．

$$S = \frac{A^2(5+1)}{3(5-1)} = \frac{A^2}{2}$$

25-PSK の送信電力は $4^2/2 = 8$ になる．これらを等しくするために，

$$\frac{A^2}{2} = 8 \to A = 4$$

にすればよい．
25-PSK の信号点間隔は $2 \times 4\sin(\theta/2)$, $\theta = 2\pi/25$ なので，1.003 になる．
25-QAM の信号点間隔は $A/2 = 2$ になる．
25-PSK の誤り率

$$P_e = \mathrm{erfc}\left(\sqrt{\frac{8}{\sigma_n^2}}\sin\frac{\pi}{25}\right) \approx \mathrm{erfc}\left(\frac{0.354}{\sqrt{\sigma_n^2}}\right)$$

25-QAM の誤り率

$$P_e = \frac{4}{5}\mathrm{erfc}\left(\sqrt{\frac{1}{2\sigma_n^2}}\right) \approx \frac{4}{5}\mathrm{erfc}\left(\frac{0.707}{\sqrt{\sigma_n^2}}\right)$$

これらを比較すると，x の値が大きくなると $\mathrm{erfc}(x)$ が小さくなるので，25-QAM の誤り率の方が小さい．

【**7. 13**】 64-PSK の誤り率が 10^{-4} になる σ^2 の値を数値計算によって求める．

$$P_e = \mathrm{erfc}\left(\sqrt{\frac{1}{2\sigma_n^2}}\sin\frac{\pi}{64}\right) = 10^{-4} \to \sigma_n^2 = 0.000159$$

64-QAM の誤り率に $\sigma_n^2 = 0.000159$ を代入し 10^{-4} になる値 A を求める．

$$P_e = \frac{7}{8}\mathrm{erfc}\left(\frac{1}{7}\sqrt{\frac{A^2}{2\sigma_n^2}}\right) = 10^{-4} \to A = 0.341$$

このときに 64-PSK の送信電力が 0.5 に対して，64-QAM の平均送信電力が

$$S = \frac{0.341^2(9)}{3(7)} = 0.0498$$

になるので，QAM を利用すると送信電力が $0.0498/0.5 \approx 0.1$ 倍になる．つまり約 10 倍小さくなる．

【7.14】 波形

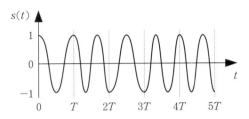

【7.15】 FSK の誤り率から必要な SN 比を求める．

$$\frac{1}{2}\mathrm{e}^{-\rho/2} = 2\times 10^{-5} \to \rho = -2\ln(4\times 10^{-5}) = 20.3$$

SN 比から信号の振幅を求める．

$$\rho = \frac{A^2}{2\sigma_n^2} \to A = \sqrt{2\sigma_n^2\rho} = 0.455$$

第 8 章　多元接続方式

【8.1】 10 [ms] で送信できるビット数は

$$8\times 10^6 \times 10^{-2} = 8\times 10^4 \text{ [b]}$$

になる．ユーザ間の送信時間間隔が 11 [ms] で 25 ユーザがあるので，全員の送信時間が $25\times 11 = 275$ [ms] になる．つまり各ユーザが 275 [ms] ごとに 8×10^4 [b] を送信することになる．3 [MB] のファイルを送信するのに

$$3\times 10^6 \times 8/8\times 10^4 = 300 \text{ [回]}$$

の送信で，送信時間が

$$300 \times 0.275 = 82.5 \,[\text{s}]$$

になる．

【8.2】 必要な通信速度の合計が $30 \times 10 = 300\,[\text{Mb/s}]$ である．通信路容量から SN 比を求めると次式になる．

$$300 \times 10^6 = 60 \times 10^6 \log_2(1 + S/N)$$
$$\log_2(1 + S/N) = 5 \rightarrow S/N = 31$$

【8.3】 ユーザの利用する周波数帯域を減らす．通信路の帯域幅を大きくする．

【8.4】 BPSK のスペクトルをプロットすると下図になる．

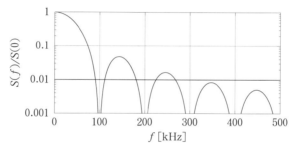

この図から，スペクトルが 0.01 以下になるのは，$f = 270\,[\text{kHz}]$ のときなので，ユーザをこの 2 倍の 540 [kHz] 離せばよい．全体の帯域幅が 10 [MHz] の場合，$10/0.54 = 18.5$ になるので，18 ユーザが使える．

【8.5】 式（8-3）の積分結果を下図に示す．$c_1(t)$ と $c_2(t)$ は同じ結果になる．

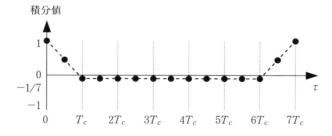

この結果を見ると $\tau = 0$ のときに積分値が最大になる．つまりビットの始まり

を検出するために，ピークが現れるまで τ を少しずつ変化させながら積分を求めればよい．

【8.6】 式 (8-4) を計算すると 3/7 になる．この値はそれほど小さくないが，もっと長い系列を使用すると 0 に近づく．

【8.7】 (a) CDMA 信号

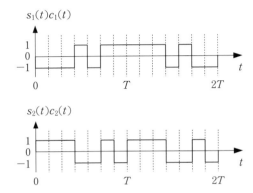

(b) 受信信号

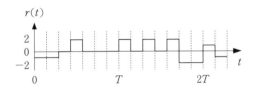

(c) 受信信号とそれぞれの拡散信号を掛け合わせた結果

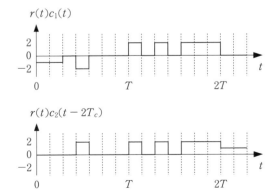

ユーザ2のデータの始まりがわかるので,$2T_c$ シフトされた拡散信号を使用する.

(d) ユーザ1のデータは $(0, T)$, $(T, 2T)$ を見て判定する.$(0, T)$ において $r(t)c_1(t) \leq 0$ なので,データが0だと判定する.$(T, 2T)$ において $r(t)c_1(t) \geq 0$ なので,データが1だと判定する.つまり,ユーザ1が送信したデータは $(0, 1)$ だとわかる.ユーザ2のデータは $(2T_c, T+2T_c)$,$(T+2T_c, 2T+2T_c)$ を見て判定する.同様に判定するとユーザ2が送信したデータは $(1, 1)$ だとわかる.

【8.8】 64-QAM では6ビットが送信できるので,10キャリアを使用すると同時に $6 \times 10 = 60$ ビットが送信できる.

【8.9】 (111) に対する座標は $(-\sqrt{2}/2, \sqrt{2}/2)$ であるので $A_n = -\sqrt{2}/2 + j\sqrt{2}/2$ になる.

【8.10】 (a) 周波数の間隔が $1/(NT_s) = 2$ [MHz] になるので,$f_0 = 1$ [MHz],$f_1 = 3$ [MHz],$f_2 = 5$ [MHz],$f_3 = 7$ [MHz],$f_4 = 9$ [MHz] になる.

(b) 16-QAM を使用するので,データを4ビットずつに分ける.各キャリアに変調するデータは f_0 : 1100,f_1 : 1111,f_2 : 1010,f_3 : 1001,f_4 : 0011 となる.送信信号は次のようになる.

$$s_0(t) = \cos(2\pi f_0 t) + (1/3)\sin(2\pi f_0 t)$$
$$s_1(t) = \cos(2\pi f_1 t) - \sin(2\pi f_1 t)$$
$$s_2(t) = \cos(2\pi f_2 t) + \sin(2\pi f_2 t)$$
$$s_3(t) = -\cos(2\pi f_3 t) - (1/3)\sin(2\pi f_3 t)$$
$$s_4(t) = -(1/3)\cos(2\pi f_4 t) - \sin(2\pi f_4 t)$$

(c) 送信信号

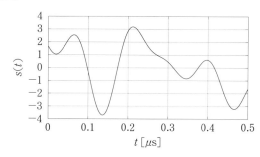

索　　引

《A》
AMI 符号 ·················· 80
ASK ····················· 94

《B》
BnZS 符号 ················· 81
BPSK ···················· 98

《C》
CDMA ··················· 124
CMI 符号 ·················· 84

《D》
DMI 符号 ·················· 84
DPSK ··················· 108
DS-CDMA ················ 124

《E》
erf ····················· 38
erfc ···················· 38

《F》
FDMA ··················· 124
FSK ···················· 109

《H》
HDBn 符号 ················· 81

《I》
ISI ····················· 67

《M》
M-PSK ·················· 107
mBnT 符号 ················ 82

《N》
NRZ 符号 ·················· 79

《O》
OFDM ··················· 130
OOK ···················· 94

《P》
$\pi/4$ シフト QPSK ············ 106
PAM ···················· 53
PCM ···················· 56
PPM ···················· 53
PSK ···················· 98
PST ···················· 82
PWM ···················· 55

《Q》
QAM ··················· 113
QPSK ··················· 103

《R》
Rake ··················· 129
RZ 符号 ··················· 79

《S》
Shannon ·················· 31
sinc 関数 ·················· 20

索　引

SN 比 ……………………………………43

《T》
TDMA …………………………………122

《ア》
アイダイアグラム ……………………72
宛先 ……………………………………31
アナログ変調方式 ……………………52
誤り検出と訂正 ………………………78
誤り率 …………………………………42
誤り率特性 ……………………………78

《イ》
位相 ……………………………………6
位相スペクトル ………………………11
位相変調 ………………………………98
一様分布 ………………………………35
インパルス信号 ………………………26
インパルス列 …………………………28

《エ》
エイリアシング ………………………49
エネルギー ……………………………13
遠近問題 ……………………………129

《オ》
オイラーの公式 ………………………11

《カ》
ガードインターバル挿入 …………135
ガードインターバル ………………123
ガードバンド …………………51, 124
ガウス雑音 ……………………………37
拡散符号 ……………………………126
拡散符号分割多元接続 ……………122
拡散率 ………………………………125
確率密度関数 …………………………35

片側スペクトル ………………………12

《キ》
擬 3 進符号 …………………………80
擬似雑音系列 ………………………126
基底帯域伝送 …………………………77
基本周波数 ……………………………18
基本波 …………………………………18
逆拡散 ………………………………125
狭帯域ガウス雑音 ……………………39

《ク》
グレイコード ………………………107

《コ》
高調波 …………………………………18
コサインロールオフ …………………71
誤差関数 ………………………………38
誤差補関数 ……………………………38

《サ》
サイトダイバーシチ ………………129
雑音 ……………………………………31
雑音余裕度 ……………………………73
差動 PSK ……………………………108
差動符号化 …………………………109
サンプリング周波数 …………………47
サンプル ………………………………47
サンプリング …………………………47

《シ》
ジッタ …………………………………78
時分割多元接続 ……………………121
周波数 …………………………………6
周波数スペクトル ………………9, 22
周波数分割多元接続 ………………122
周波数変調 …………………………109
周波数ホッピング …………………129

受信機 ·································31	直交成分 ···························40, 97
情報源 ·································31	《ツ》
所要帯域幅 ···························78	通信システムモデル ·············31
シングルキャリア方式 ········130	通信路 ·································31
信号スペースダイアグラム ··· 7	通信路モデル ·······················33
信号対雑音比 ·······················43	通信路容量 ··························43
振幅 ······································ 6	《テ》
振幅スペクトル ····················10	低域遮断の影響 ····················78
振幅変調 ······························94	ディジタル変調方式 ·············52
《ス》	デルタ関数 ··························26
スペクトル拡散 ··················125	伝送情報量 ··························77
スレッショルド ····················86	伝送符号 ······························77
《セ》	電力 ······································13
正規分布 ······························37	電力スペクトル ····················14
正弦波 ·································· 5	《ト》
線スペクトル ························ 9	同期検波 ·························96, 99
全余弦下向特性 ····················72	同相成分 ···························40, 97
《ソ》	《ナ》
送信機 ·································31	ナイキスト速度 ····················49
《タ》	ナイキストの第1基準 ·········69
帯域幅 ·································25	仲上-Rice 分布 ·····················41
ダイバーシチ受信 ··············128	《ハ》
タイミング情報 ····················78	バイフェーズ符号 ················83
タイミング余裕度 ················73	バイポーラ符号 ····················80
多相PSK ···························107	白色ガウス雑音 ····················39
単極符号 ······························79	パスダイバーシチ ··············128
《チ》	パルス位置変調 ····················52
遅延検波 ····························109	パルス振幅変調 ····················52
チップ ·······························126	パルス幅変調 ·······················52
中央極限定理 ·······················38	パルス符号変調 ····················52
直交 ······································ 7	パルス変調方式 ····················52
直交周波数分割多重 ···········130	搬送帯域伝送 ·······················77
直交振幅変調 ·····················113	搬送波感知多重アクセス ···123

搬送波再生 …………………… 101

《ヒ》

非同期検波 …………………… 96
標準偏差 ……………………… 36
標本化 ………………………… 47
標本化関数 …………………… 20
標本化定理 …………………… 47
標本値 ………………………… 47

《フ》

フーリエ級数 ………………… 17
フーリエ変換 ………………… 22
フェージング ………………… 35
符号誤り率 …………………… 87
符号間干渉 …………………… 67
分散 …………………………… 36

《ヘ》

平均値 ………………………… 36
ベースバンド伝送 …………… 77
変形バイポーラ符号 ………… 80
変調 …………………………… 93

《ホ》

方形パルス …………………… 15

方形パルス列 ………………… 15
包絡線検波 …………………… 96

《マ》

マルチキャリア方式 ………… 130
マンチェスター符号 ………… 83

《ム》

無ひずみ条件 ………………… 64
無ひずみ伝送 ………………… 63

《リ》

理想低域フィルタ …………… 65
両側スペクトル ……………… 12
両極符号 ……………………… 79
量子化 ………………………… 56
量子化誤差 …………………… 58
量子化レベル ………………… 57

《レ》

レイク ………………………… 129
レイズドコサイン …………… 72
レイリー分布 ………………… 37

《ロ》

ロールオフ率 ………………… 72

―著者紹介―

大下 眞二郎（おおした しんじろう）　信州大学名誉教授　工学博士
半田 志郎（はんだ しろう）　信州大学名誉教授　工学博士
デービッド アサノ　信州大学教授　工学博士

ディジタル通信 第2版

2005年 3月25日　初版1刷発行
2015年 2月25日　初版7刷発行
2016年11月15日　第2版1刷発行
2024年 2月20日　第2版8刷発行

著　者　大下眞二郎
　　　　半田志郎　　　ⓒ 2016
　　　　デービッド アサノ

発行者　南條光章

発行所　共立出版株式会社
　　　　〒112-0006
　　　　東京都文京区小日向 4-6-19
　　　　電話番号　03-3947-2511（代表）
　　　　振替口座　00110-2-57035

　　　　共立出版（株）ホームページ
　　　　www.kyoritsu-pub.co.jp

印　刷　大日本法令印刷
製　本　ブロケード

検印廃止
NDC 547
ISBN 978-4-320-08645-6

一般社団法人
自然科学書協会
会員

Printed in Japan

JCOPY　〈出版者著作権管理機構委託出版物〉
本書の無断複製は著作権法上での例外を除き禁じられています．複製される場合は，そのつど事前に，出版者著作権管理機構（TEL：03-5244-5088，FAX：03-5244-5089，e-mail：info@jcopy.or.jp）の許諾を得てください．

■電気・電子工学関連書

www.kyoritsu-pub.co.jp　共立出版

次世代ものづくりのための 電気・機械一体モデル (共立SS 3)	長松昌男著
演習 電気回路	庄　善之著
テキスト 電気回路	庄　善之著
エッセンス 電気・電子回路	佐々木浩一他著
詳解 電気回路演習 上・下	大下眞二郎著
大学生のための電磁気学演習	沼居貴陽著
大学生のためのエッセンス電磁気学	沼居貴陽著
入門 工系の電磁気学	西浦宏幸他著
基礎と演習 理工系の電磁気学	高橋正雄著
詳解 電磁気学演習	後藤憲一他共編
わかりやすい電気機器	天野耀鴻他著
論理回路 基礎と演習	房岡　璋他共著
エッセンス 電気・電子回路	佐々木浩一他著
電子回路 基礎から応用まで	坂本康正著
学生のための基礎電子回路	亀井且有著
本質を学ぶためのアナログ電子回路入門	宮入圭一監修
マイクロ波回路とスミスチャート	谷口慶治他著
大学生のためのエッセンス量子力学	沼居貴陽著
材料物性の基礎	沼居貴陽著
半導体LSI技術 (未来へつなぐS 7)	牧野博之他著
Verilog HDLによるシステム開発と設計	高橋隆一著
デジタル技術とマイクロプロセッサ (未来へつなぐS 9)	小島正典他著
液晶 基礎から最新の科学とディスプレイテクノロジーまで (化学の要点S 19)	竹添秀男他著
基礎制御工学 増補版 (情報・電子入門S 2)	小林伸明他著
実践 センサ工学	谷口慶治他著
PWM電力変換システム パワーエレクトロニクスの基礎	谷口勝則著
情報通信工学	岩下　基著
新編 図解情報通信ネットワークの基礎	田村武志著
電磁波工学エッセンシャルズ 基礎からアンテナ・伝送線路まで	左貝潤一著
小形アンテナハンドブック	藤本京平他編著
基礎 情報伝送工学	古賀正文他著
モバイルネットワーク (未来へつなぐS 33)	水野忠則他監修
IPv6ネットワーク構築実習	前野譲二他著
複雑系フォトニクス レーザカオスの同期と光情報通信への応用	内田淳史著
有機系光記録材料の化学 色素化学と光ディスク (化学の要点S 8)	前田修一著
ディジタル通信 第2版	大下眞二郎他著
画像処理 (未来へつなぐS 28)	白鳥則郎監修
画像情報処理 (情報工学テキストS 3)	渡部広一著
デジタル画像処理 (Rで学ぶDS 11)	勝木健雄他著
原理がわかる信号処理	長谷山美紀著
信号処理のための線形代数入門 特異値解析から機械学習への応用まで	関原謙介著
デジタル信号処理の基礎 例題とPythonによる図で説く	岡留　剛著
ディジタル信号処理 (S知能機械工学 6)	毛利哲也著
ベイズ信号処理 信号・ノイズ・推定をベイズ的に考える	関原謙介著
統計的信号処理 信号・ノイズ・推定を理解する	関原謙介著
医用工学 医療技術者のための電気・電子工学 第2版	若松秀俊他著